After Effects
动效制作技巧与案例教程

徐文博 —— 编著

人民邮电出版社

北京

图书在版编目（CIP）数据

After Effects 动效制作技巧与案例教程 / 徐文博编著. -- 北京：人民邮电出版社，2025. -- ISBN 978-7-115-66514-0

Ⅰ. TP391.413

中国国家版本馆 CIP 数据核字第 2025FC0822 号

内 容 提 要

这是一本介绍 After Effects 动效制作方法和技巧的教程书。

全书共 8 章，第 1 章主要介绍 After Effects 的工作界面和基础操作，第 2 章主要介绍常用的表达式，第 3~7 章分别介绍移动与缩放动画、偏移与旋转动画、变形动画、时间节奏动画和特殊效果的制作方法，第 8 章主要通过案例介绍文字动效、Logo 动效、UI 动效、海报动效和提案动效的制作方法。本书配套资源包含第 2~8 章的工程文件，以及第 8 章的在线教学视频。

本书适合有一定 After Effects 基础的读者学习，也适合作为相关院校视频后期特效课程的教材。另外，请读者使用 After Effects 2020 或更高版本进行学习。

◆ 编　著　徐文博
责任编辑　张丹丹
责任印制　陈　犇

◆ 人民邮电出版社出版发行　北京市丰台区成寿寺路 11 号
邮编　100164　电子邮件　315@ptpress.com.cn
网址　https://www.ptpress.com.cn
雅迪云印（天津）科技有限公司印刷

◆ 开本：787×1092　1/16
印张：13.75　　　　　　2025 年 5 月第 1 版
字数：390 千字　　　　　2025 年 5 月天津第 1 次印刷

定价：89.80 元

读者服务热线：(010)81055410　印装质量热线：(010)81055316
反盗版热线：(010)81055315

前言

　　After Effects是一款成熟的视频后期合成软件，多用于制作视频特效。目前，After Effects用于大部分商业视频的后期合成工作。也就是说，如果读者想要从事视频后期制作，就必须掌握After Effects。

动效学习方法

　　"学习动效，就等于学习After Effects"，这是一个错误的观点。After Effects只是制作动效的工具，制作动效是应用类技术。因此，如果读者想学会制作动效，那么不应该盲目地学习After Effects的功能，而应该学习如何使用After Effects的特定功能制作动效。

　　笔者结合多年制作动效的经验，总结了一套比较合理的学习思路和方法。

　　第1步：将常见的动效分类，并总结出制作方法，通过案例的形式将它们用简单的几何符号表示出来。读者在学习的过程中，可以先掌握各类动效的制作技巧，然后熟悉关键参数的使用逻辑和设置范围。

　　第2步：读者掌握了各种类型的动效制作技巧后，要学着去应用。在应用之前，应该分析实际案例的动效类别，然后套用对应的技巧，并根据实际需求调整关键参数。

　　第3步：技术都是"练"出来的，因此，笔者在本书最后准备了大量的商业应用案例，以供读者练习使用动效制作技巧，熟悉动效设计思路。

　　为了方便读者学习，本书采用"技巧归纳学习+商业应用实例"的编排形式，希望读者在学习的时候做到一步一个脚印，先掌握基础知识，再使用技巧制作动效。

　　最后，感谢在本书编写过程中给予笔者帮助和支持的朋友。笔者在编写过程中也积极翻阅各种资料，仔细区分各类动效的特点，尽可能让分类准确，以避免读者在学习过程中产生疑问。但由于编写水平有限，书中难免会有不足之处，欢迎读者批评指正。

目录

第1章 初识After Effects..................009

1.1 After Effects软件基础 ... 010
1.1.1 After Effects的工作区 010
1.1.2 合成设置................................013
1.1.3 "时间轴"面板........................014

1.2 图层的属性 016
1.2.1 锚点......................................016
1.2.2 位置......................................017
1.2.3 缩放......................................017
1.2.4 旋转......................................018
1.2.5 不透明度................................018

1.3 关键帧........................... 018
1.3.1 设置关键帧.............................018
1.3.2 关键帧的图标类型....................019

1.4 动画曲线....................... 023

1.4.1 速度曲线与值曲线....................023
1.4.2 线性动画................................023
1.4.3 缓入动画................................024
1.4.4 缓出动画................................025
1.4.5 缓入缓出动画..........................026
1.4.6 动画制作法则..........................027

1.5 蒙版与遮罩 028
1.5.1 蒙版......................................028
1.5.2 遮罩......................................034

1.6 导入与导出 034
1.6.1 文件格式................................034
1.6.2 AI和PSD文件的导入.................035
1.6.3 GIF文件和视频的导出...............037

第2章 表达式..................................039

2.1 什么是表达式 040
2.1.1 添加表达式.............................040
2.1.2 表达式工具.............................040

2.2 常用表达式 042
2.2.1 时间类表达式..........................042

2.2.2 随机类表达式..........................044
2.2.3 索引类表达式..........................047
2.2.4 值类表达式.............................048
2.2.5 循环表达式.............................050
2.2.6 距离表达式.............................050

第3章 移动与缩放动画 053

3.1 移动动画 054
3.1.1 位置移动 054
3.1.2 对称移动 056
3.1.3 连续移动 057
3.1.4 摆动移动 059

3.2 缩放动画 060
3.2.1 缩放比例 060
3.2.2 对称缩放 061
3.2.3 连续缩放 062
3.2.4 点的缩放 063

第4章 偏移与旋转动画 065

4.1 偏移动画 066
4.1.1 偏移 066
4.1.2 "偏移"效果 067
4.1.3 "CC Tiler"效果 068
4.1.4 "残影"效果 070
4.1.5 图形修剪 071

4.2 旋转动画 073
4.2.1 沿轨道旋转 073
4.2.2 "勾画"效果 074
4.2.3 "极坐标"效果 075
4.2.4 图形旋转 076
4.2.5 对称旋转 077
4.2.6 连续旋转 078
4.2.7 三维旋转 079
4.2.8 旋转回弹 080

第5章 变形动画 081

5.1 几何变形动画 082
5.1.1 边缘宽度动效 082
5.1.2 几何变形 083
5.1.3 几何连续变形 084

5.2 自由变形动画 085
5.2.1 长阴影动效 085
5.2.2 任意改变形状 087

目录

第6章 时间节奏动画..................................089

6.1 时间动画.................... 090
6.1.1 缓动转场..............................090
6.1.2 调整节奏感..........................091

6.2 钟表和无线电波效果........ 092
6.2.1 钟表效果..............................092
6.2.2 无线电波效果......................093

第7章 特殊效果..................................095

7.1 修剪路径.................... 096
7.1.1 线条动态循环效果..............096
7.1.2 连续伸缩..............................097
7.1.3 笔画类动效..........................098

7.2 生成效果.................... 100
7.2.1 音频频谱..............................100
7.2.2 无线电波..............................101
7.2.3 光束......................................102
7.2.4 涂写......................................103
7.2.5 网格......................................104
7.2.6 反转遮罩..............................105

7.3 模拟效果.................... 106
7.3.1 CC Particle World................106
7.3.2 卡片动画..............................108

7.4 过渡效果.................... 109
7.4.1 旋转过渡..............................109

7.4 (续)
7.4.2 滑动切换..............................110
7.4.3 百叶窗..................................111
7.4.4 CC Line Sweep....................112

7.5 扭曲效果.................... 112
7.5.1 CC Bender............................113
7.5.2 波形变形..............................114
7.5.3 旋转扭曲..............................115

7.6 风格化效果................. 116
7.6.1 散布......................................116
7.6.2 马赛克..................................117
7.6.3 发光......................................118

7.7 模糊和锐化效果............ 118
7.7.1 CC Cross Blur......................118
7.7.2 高斯模糊..............................119
7.7.3 景深效果..............................120
7.7.4 CC Radial Blur....................122

第8章 商业应用 123

8.1 文字动效 124
8.1.1 "掣"字动效 124
8.1.2 "無"字动效 127
8.1.3 "寫"字动效 129
8.1.4 "雨"字动效 132
8.1.5 "坤"字动效 134
8.1.6 "乱"字动效 135
8.1.7 "燚"字动效 137
8.1.8 "游"字动效 138

8.2 Logo动效 140
8.2.1 字母"MG"Logo动效 140
8.2.2 胡萝卜工作室Logo动效 142
8.2.3 花木兮舍Logo动效 143
8.2.4 汪星人Logo动效 144
8.2.5 肆拾捌Logo动效 146

8.3 UI动效 148
8.3.1 区域列表 148
8.3.2 数据可视化 150
8.3.3 转场动画 152
8.3.4 抖动转场动画 156
8.3.5 3D动画效果 160

8.4 海报动效 163
8.4.1 文字拉伸动态海报 163
8.4.2 路径文字效果海报 165
8.4.3 数字滚动效果海报 168
8.4.4 "光束"效果海报 171
8.4.5 "湍流置换"效果海报 174
8.4.6 虚拟环境动效海报 177
8.4.7 三维旋转海报 180
8.4.8 "时间置换"效果海报 182
8.4.9 单曲循环动效海报 185
8.4.10 叠加动态效果海报 187

8.5 提案动效 190
8.5.1 糖果包装提案片头动效 190
8.5.2 璐文教育Logo动效 198
8.5.3 Lingxun-style字库动效 200
8.5.4 Lingxun-serif 字库动效 205
8.5.5 屿莫咖啡提案视频 208

第 1 章 初识 After Effects

本章介绍After Effects的工作界面，力求让读者熟知软件的基础知识、基本操作和工作流程。了解了软件，读者才能对后面的具体内容进行高效学习。

1.1 After Effects软件基础

在学习动效制作方法之前,要了解After Effects的工作界面、基础工具、基本操作和工作流程。动效制作对软件版本没有强制要求,只是低版本的软件会出现一些好用的功能没有更新的情况,从而对学习产生一些小阻碍,笔者建议读者使用After Effects 2020及以上的版本。下面介绍After Effects动效制作的常用功能和工作流程等。

1.1.1 After Effects的工作区

After Effects的工作界面可能会因计算机系统的不同而略有不同,为了使界面尽量与书中保持一致,读者可以在菜单栏中执行"窗口>工作区>所有面板"菜单命令,打开After Effects的所有面板,如图1-1所示。其中,菜单栏、工具栏、"项目"面板、"合成"面板、"时间轴"面板和"效果和预设"面板是常用工作区域,下面将逐一介绍这些区域的主要功能和作用。

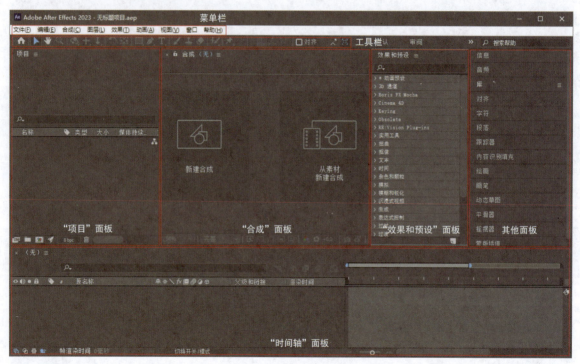

图1-1

▶ **菜单栏**

菜单栏是所有项目操作的导航区域,如图1-2所示。在工作中需要使用的功能都可以在菜单栏中找到,其中包含"文件""编辑""合成""图层""效果""动画""视图""窗口""帮助"9个菜单。

图1-2

重要功能介绍

◇ **文件:** 包含所有与文件相关的操作,例如新建、打开、保存、导入、导出、关闭文件等。
◇ **编辑:** 包含通用的编辑和设置功能,例如撤回、清理、首选项设置、快捷键设置等。
◇ **合成:** 包含针对项目合成的一些设置功能,例如新建合成、合成设置、添加到渲染队列等。

◇ **图层：**包含针对合成中的图层进行操作设置的功能，例如新建、打开、设置、标记等。

◇ **效果：**包含音频、视频、图层等的效果设置功能，例如扭曲、模糊、透视等。

◇ **动画：**包含对关键帧进行一系列操作的功能，例如关键帧辅助、跟踪运动等。

◇ **视图：**包含对合成预览区进行操作的功能，例如放大、缩小、显示参考线等。

◇ **窗口：**用于对工作界面的布局进行设置，读者可以根据喜好摆放各个面板，或者在工作界面被打乱时调回原有设置。

◇ **帮助：**包含After Effects功能的一些官方解释和系统信息。

工具栏

工具栏中包含常用的基本操作工具，如图1-3所示。如果在工作中发现工具栏消失，可以执行"窗口>工具"菜单命令或按快捷键Ctrl+1将其显示出来。

图1-3

"项目"面板

"项目"面板如图1-4所示，主要用于存放各种格式的素材，读者可以在开始制作动效之前将要用到的素材都放到"项目"面板中，以便后续使用。另外，读者也可以在这里对素材进行快速预览。如果素材过多，可以对"项目"面板中的素材进行分组，或者删除不需要的素材。

如果在制作动效的过程中发现有些素材没有提前放到"项目"面板中，只需要将素材拖曳到"项目"面板即可。

图1-4

> **提示** 对于在制作动效的过程中用到的素材，不要将其从"项目"面板中删除，否则画面中将丢失相关信息。如果觉得"项目"面板中的文件过多，可以通过在"项目"面板新建文件夹来进行整理，例如将所有图片素材放在一个文件夹中，将所有视频素材放在另一个文件夹中，以此类推。

"合成"面板

"合成"面板主要用来预览动画效果。在未进行任何操作时"合成"面板如图1-5所示，有"新建合成"和"从素材新建合成"按钮。新建合成后此面板中显示的就是合成画面，如图1-6所示。可以将"合成"面板理解为Illustrator或Photoshop中的画板，即用于实时查看操作效果的面板，区别在于After Effects中的一个文件可以包含多个合成，合成中也可以有多个合成，即合成支持嵌套。

图1-5

图1-6

"合成"面板底部有很多图标和按钮，如图1-7所示。为了方便读者理解，这里对它们进行编号并依次解释。

图1-7

重要工具介绍

①：表示始终预览此视图。一般很少使用，因为制作二维效果时一般只有一个视图，所以不需要去强调它；如果画面中有多个视图，当始终想预览某个视图时可以使用此功能。高版本After Effects的"合成"面板中已去掉此工具。

②：用于设置预览时的缩放比例，一般会设置为"适合"，After Effects会以合成区域的大小为画面设置一个合适的比例。如果想更改比例，可以打开下拉列表进行切换。如果想调整预览位置，可以按H键切换到"手形工具"进行操作，也可以按住Space键并使用鼠标左键进行拖曳，释放鼠标即可自动切换回"选择工具"。

③：用于设置网格和参考线。网格可以帮助读者在制作过程中更快速地定位和调整图层元素的位置，确保元素符合设计的要求和标准。标尺用于显示具有x轴和y轴的屏幕坐标系和拉出参考线。参考线用于对齐和观察图层元素在画面中的位置。

④：默认处于激活状态，控制蒙版和路径的可见性，方便确认选择的图层在合成中的位置。

⑤：用于设置或显示预览时间，可以直接定位到需要预览的时间点，其与时间轴上的预览时间完全吻合。

⑥：设置预览的分辨率。在进行复杂合成时可以将分辨率调低，这样做可以减轻显卡的负担，使预览效果更流畅，且不会影响实际输出效果。

▶ "时间轴"面板

"时间轴"面板如图1-8所示。这是制作动效的核心功能区，在制作过程中它的左侧显示的是各个图层及其属性和对应数值，以及一些重要的功能和效果；右侧显示的是时间标尺，加入图层后还可以看到图层在画面中出现的时间，同时也可以对图层进行切割。

加入图层后的"时间轴"面板如图1-9所示，为了更好地区分不同图层，可以为图层设置不同的标签颜色。右侧的蓝色竖线是"时间指示器"，它用于切换动画的具体时间点，通过对它进行调节可以确定关键帧的位置，也能更好地预览想要看到的画面。

图1-8

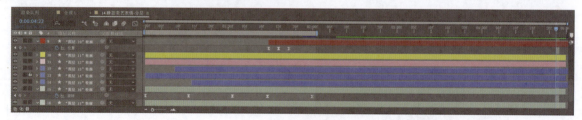

图1-9

▶ "效果和预设"面板

"效果和预设"面板位于工作界面的右侧，汇集了After Effects中的各种效果，如图1-10所示。该面板使用频率较高，其中包含系统自带的预设效果，并按类别进行分类，读者可以在上方搜索栏中搜索想要的效果。另外，对于效果插件，可以根据需求购买并下载安装包，然后自行进行安装。如果想展开或关闭其他功能区，可以单击右侧的按钮。

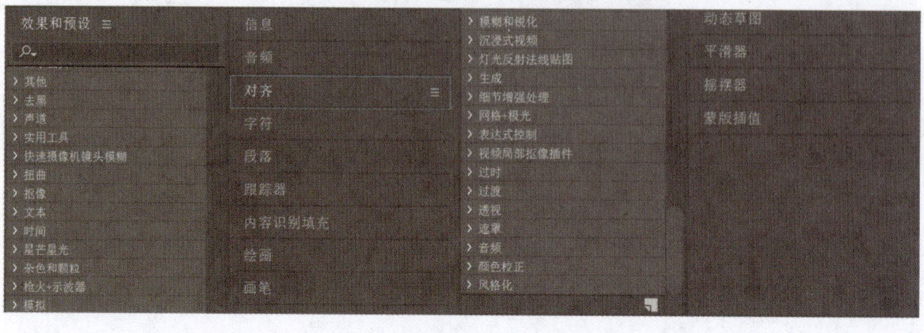

图1-10

1.1.2 合成设置

合成设置是制作动效的第1步，单击"新建合成"按钮，打开图1-11所示的"合成设置"对话框。

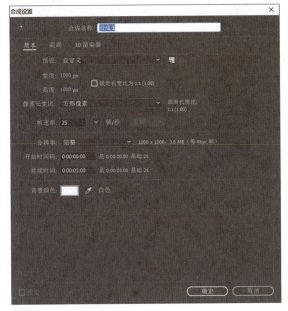

图1-11

重要参数介绍

◇ **合成名称：** 用于对合成进行命名。一个项目可能会含有多个合成，同时后期会在合成的基础上建立预合成等，所以合成名称应尽量与当前制作的动画有关联，以免后期合成过多时难以查找。

◇ **预设：** 系统自带的一些尺寸设置，可以根据实际情况直接输入"宽度"和"高度"的值，也可以将经常用到的尺寸自定义为预设，方便后期使用。

◇ **像素长宽比：** 默认选择"方形像素"，建议不改动。如果后期发生一些奇怪的现象，例如圆形不圆，就需要检查一下是不是"像素长宽比"未设置为"方形像素"。选择"方形像素"时，画面由一个个像素点构成；选择"变形2∶1"时，画面由一个个长宽比为2∶1的长方形构成。该选项的其他参数几乎用不到。

◇ **持续时间：** 根据动画的预估时长进行设置即可，后期可以进行调整，因此此处不需要设置得非常准确。

◇ **背景颜色：** 用于设置合成的背景颜色，一般使用黑色或白色。

可以通过设置"高级"选项卡下的"快门角度"和"快门相位"来控制运动模糊效果，如图1-12所示。一般保持默认设置即可，如果有特殊要求可以进行调整。

图1-12

选择"3D渲染器"选项卡，如图1-13所示，"渲染器"默认为"经典3D"，这是比较常用的渲染器，不建议切换成其他渲染器。

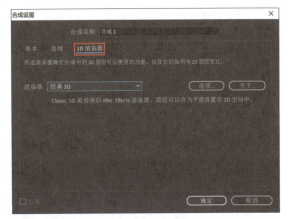

图1-13

自定义预设

使用预设可以方便地新建合成，预设中包含很多银幕和胶片的尺寸，可以直接选择需要的尺寸。如果经常需要用到同一种尺寸而预设中没有，可以自定义预设尺寸。

在"合成设置"对话框中输入尺寸数值，例如"宽度"为1280px，"高度"为900px，然后单击"预设"右侧的"新建"按钮，即可新建自定义预设，如图1-14所示。此时，会弹出"选择名称"对话框，输入想要的名称，例如"1280*900"，单击"确定"按钮，即可完成创建，如图1-15所示。后续需要创建此尺寸的合成时直接选择"预设"中设置好的尺寸即可，如图1-16所示。

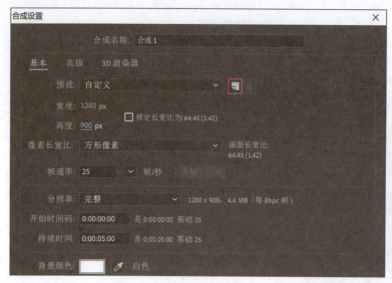

图1-15

图1-14

图1-16

▎帧速率

可以将一帧理解为一个画面,25帧/秒就是1秒有25个画面,画面连续播放就形成了动画。"帧速率"指每秒刷新的图片数量,在"合成设置"对话框中将其设置为25帧/秒即可。一些电影可能会需要提高帧速率,如30帧/秒、60帧/秒,但在一般情况下设置为25帧/秒就足够了。至于其他数值,根据甲方的要求进行设置即可。

1.1.3 "时间轴"面板

"时间轴"面板是制作动效的核心工作区,下面讲解"时间轴"面板中常用的功能。为保证面板显示完整,先将左下角的前两个按钮 激活,如图1-17所示。

图1-17

为了便于读者学习和观察,笔者将常用功能进行标注,如图1-18所示,然后依次介绍。

图1-18

重要功能介绍

①：时间码，显示样式为0:00:00:00，表示0时0分0秒0帧，时间指示器在什么时间位置，时间码就对应显示为多少。

②：从左到右依次为图层或视频的隐藏与显示按钮、音频的开关按钮、图层单独显示开关按钮（希望某些图层单独显示时可以开启）、锁定图层按钮（将图层锁定后，无法对图层进行编辑，一般会锁定不需要制作动画的图层）。

③：标签，可以为图层修改颜色，便于更好地区分图层，例如将文字图层都设置为青色，将图片图层都设置为黄色，将音频图层都设置为红色等。

④：从左到右依次为隐藏图层开关按钮（只隐藏图层，不影响动画中的显示效果，可以节省时间轴的空间，方便更好地为其他图层制作动画效果）、折叠变换（对于合成图层）或连续栅格化（对于矢量图层）按钮、"质量和采样"按钮（将文字图层无限放大之后，可以看到文字与背景之间有一个过渡效果，可使画面看起来比较柔和，当单击"质量和采样"按钮 之后，会出现"曲线"过渡效果；当单击"曲线"按钮 后，画面中将没有过渡效果，直接变成了棱角清晰的锯齿形状；当单击"质量和采样"按钮 后，画面就会返回到默认状态）、效果开关按钮（为图层添加效果后，单击效果开关按钮 ，可以关闭所有效果）、帧混合按钮、"运动模糊"按钮（模拟快门持续时间，为图层添加动画后，单击此按钮可以使动画在运动过程中产生模糊效果）、调整图层开关按钮（一般用来添加特效，调整图层上的效果会作用于它之下的所有图层，从而不需要为下面的图层逐一添加效果。例如想改变画面整体的色调、亮度，只需要将调整图层放到顶部，并为其添加效果即可。这个开关可以将普通图层转换为调整图层）、"3D图层"按钮（单击此按钮后，图层会多出一个z轴，坐标系由二维变成三维）。

⑤：对应④中部分功能的总开关，从左到右分别用于控制图层的隐藏、帧混合效果、运动模糊效果和打开图表编辑器。当单击④中部分按钮但没有产生相应效果时，可以检查下⑤中的总开关是否打开。举个例子，当在家中开灯时，电闸的总开关也要打开，否则无论怎么按灯的开关，灯都不会亮，这里的总开关和电闸是一个道理。

▶ **图表编辑器**

在"时间轴"面板上单击某个添加了关键帧的属性后，单击"图表编辑器"按钮 ，就可以显示此属性的关键帧图表。按住Ctrl键可以选中多个属性，不同属性会以不同颜色的曲线显示在图表编辑器中。为了使图表较为简洁，一般会显示单个属性并设置其曲线。

读者可以使用After Effects工具栏中的"缩放工具" （同时按住Alt键）放大或缩小图表，或者按住Ctrl键并滚动鼠标滚轮来进行垂直缩放，按住Alt键并滚动鼠标滚轮进行水平缩放。另外，还可以使用"抓手工具" 上下左右平移图表，或者按住鼠标中键上下平移图表，按住Shift键并按住鼠标中键左右平移图表。

> **提示** 若想上下平移或缩放，需要禁用"自动缩放图表高度"按钮 。

▶ **时间码的显示**

按住Ctrl键并单击 时间码，可以切换时间码的显示样式。默认显示样式的大字部分显示的是"时:分:秒:帧"，小字部分显示的是帧数，如图1-19所示；切换后大字部分显示的是帧数，小字部分显示的是"时:分:秒:帧"，如图1-20所示。

图1-19

图1-20

1.2 图层的属性

图层的"变换"选项下有5个基础属性,它们都是制作动效的重要属性,分别是"锚点""位置""缩放""旋转""不透明度",下面逐一介绍。

1.2.1 锚点

After Effects的锚点和Illustrator、Photoshop中的锚点概念完全不同,After Effects的锚点是指图形旋转或缩放的轴心点。通常在制作过程中都希望锚点在图形中心点的位置,可以执行"编辑 > 首选项"菜单命令,在"常规"中勾选"在新形状图层上居中放置锚点",如图1-21所示。这样设置后,锚点就会在新创建的图形的中心位置,以便后续的操作。如果在制作一些动效时不希望锚点在中心位置,可以使用"锚点工具"将锚点移动到想要的位置,一般在使用"缩放"属性或者"旋转"属性时,会先将锚点移动到合适位置后再操作。

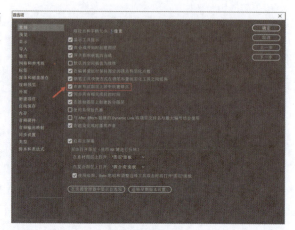

图1-21

下面新建一个1000px×1000px的合成来演示,在合成内绘制一个500px×500px的正方形,可以看到图形的"位置"数值是(500,500),"锚点"数值是(0,0),如图1-22所示。

图1-22

当将图形的"锚点"数值改为(-250,0)时,图形的"位置"属性的数值没有任何变化,但是图形的实际位置发生了改变,如图1-23所示,这是因为图形的"位置"属性值是以锚点到画布的左侧边与顶边的距离为准的。因此,无论将"锚点"数值改为多少,只要画面中的锚点中心点不变,图形无论"走"了多远,"位置"属性的数值都是不变的。

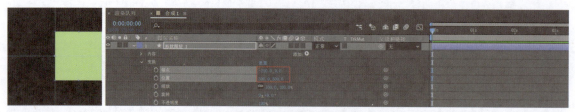

图1-23

锚点的坐标即锚点到素材左侧边与顶边的距离。首先将锚点设置在图形的中心位置,再将锚点移动到图形左上角,如图1-24所示,可以发现"锚点"数值变为(-250,-250),"位置"属性的数值也相应变为(250,250)。

在制作动效时很少只用"锚点"属性来创建关键帧,但是依然要对锚点的概念有所了解。

图1-24

1.2.2 位置

"位置"属性表示图层所在的位置。随着时间的变化,图层的位置发生变化,就会产生位移动画。选中图层并按P键可以快速调出"位置"属性,如图1-25所示。图层的移动方式有横向、纵向、倾斜、沿路径和不规则等方式,既可以通过设置数值来设置图层的位置,也可以通过移动时间指示器的位置,然后移动画面中图层的位置来设置其位置,还可以通过绘制路径,然后复制路径并粘贴到"位置"属性上来控制图层的位置。

图1-25

1.2.3 缩放

"缩放"属性用于控制图形的缩放比例。选中图层并按S键可以调出"缩放"属性,如图1-26所示。缩放时可以等比缩放,也可以非等比缩放。单击图1-27所示的"约束比例"按钮 ,即可进行等比缩放。想单独在 x 轴或 y 轴方向进行缩放时,要再次单击"约束比例"按钮,再设置"缩放"属性的值。注意,缩放的中心点在锚点所在的位置。

图1-26

图1-27

> **提示** 如果想改变缩放的中心点,一定要修改好之后再调节"缩放"属性的关键帧。

1.2.4 旋转

"旋转"属性用于设置图形的旋转角度或旋转圈数,选中图层并按R键可以调出"旋转"属性,如图1-28所示。①处表示旋转的圈数,②处表示旋转的角度。当设置"旋转"为360°时,After Effects会自动将该属性的值修改为1x,也就是一圈。

图1-28

1.2.5 不透明度

"不透明度"属性用于设置图层的不透明度。选中图层并按T键可以调出"不透明度"属性,如图1-29所示。通常在制作从消失到出现或从出现到消失的动画时会用到"不透明度"属性,在制作转场动画的时候也会用到该属性。它是一个比较常用的属性。

图1-29

1.3 关键帧

帧是动画制作中的一个专业术语,也是动画的最小单位,在After Effects的时间轴上可以通过创建关键帧让画面动起来。

1.3.1 设置关键帧

在设置关键帧之前要想好为图层的哪个属性添加关键帧,然后找到对应的图层属性。例如想为"位置"属性添加关键帧,首先在图层下展开"变换"选项,可以看到"位置"前面有一个类似秒表的按钮 ,称为"时间变化秒表",俗称"码表"(后续统称"码表"),主要用于记录时间变化,也是用来记录关键帧变化的重要工具。

01 这里需要在0秒时为图层的"位置"属性添加关键帧,将时间指示器放在0秒的位置,然后单击"位置"属性前面的"码表"按钮 。这时可以看到"位置"属性前面的"码表"按钮 变成了蓝色 ,同时右侧时间轴上也多了一个菱形的图标 ,如图1-30所示,这说明设置好了一个关键帧。

第1章 初识After Effects

图1-30

02 将时间指示器移动到1秒处，同时将图层"位置"属性的数值设置为（1000,500），如图1-31所示，这样就为图层的"位置"属性添加了第2个关键帧。

图1-31

当激活属性前面的"码表"按钮 后，每一次修改时间指示器的位置并调整图层的属性值时，就会记录1个关键帧。设置好关键帧后，从0秒开始播放就形成了动画。

> **提示** 当图层中有多个关键帧时，可以通过快捷键来预览关键帧。
> 向后移动一帧的快捷键是Page Down，向前移动一帧的快捷键是Page Up。
> 向后移动10帧的快捷键是Shift+Page Down，向前移动10帧的快捷键是Shift+Page Up。
> 移动到前一可见关键帧的快捷键是J，移动到后一可见关键帧的快捷键是K。
> 显示当前图层上所有属性的关键帧的快捷键是U。

1.3.2 关键帧的图标类型

时间轴上不同的关键帧会显示不同的图标，关键帧图标的类型取决于关键帧之间使用的插值方法。图标颜色较深的一半表示这一侧附近没有关键帧，或者其插值由应用于前一关键帧的定格插值所取代。关键帧的图标类型如图1-32所示。

图1-32

重要类型介绍

◇ **箭头：** 由左箭头或右箭头来表示缓出或缓入（箭头所指方向速度逐渐变为0）。
◇ **圆形：** 表示对两侧速度不同的关键帧进行柔和连接，即自动贝塞尔模式。
◇ **沙漏形：** 连续贝塞尔曲线或贝塞尔曲线，速度从0到100，再到0。
◇ **正方形：** 定格，属于硬性变化。
◇ **凸三角：** 一半是线性，另一半是定格。
◇ **凹三角：** 一半是缓动，另一半是定格。

> **提示** 菱形为默认形状。

缓入、缓出、缓动关键帧

蓝色表示匀速运动,添加关键帧后关键帧图标默认为菱形,即普通的关键帧;红色表示入点平滑(缓入),快捷键为Shift+F9;黄色表示出点平滑(缓出),快捷键为Ctrl+Shift+F9;绿色表示缓动,能够使图形的运动变得平滑(缓动),快捷键为F9,如图1-33所示。

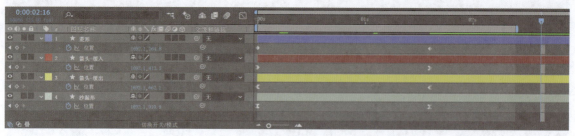

图1-33

缓入关键帧的特点是先快后慢。如果想让图形画面或某个视频片段实现先快后慢的效果,可以使用缓入关键帧。缓出关键帧与缓入关键帧相反,其特点是先慢后快,也可以手动调整效果。缓动关键帧呈曲线形状,其特点是由慢到快,再到慢。

圆形关键帧

圆形关键帧即自动贝塞尔曲线(对两侧速度不同的关键帧进行柔和连接)模式,如图1-34所示。①处为缓动,对应"形状图层1";②处为平滑,对应"形状图层2"。要想使动画曲线变得平滑,可以按住Ctrl键并单击关键帧进行切换。

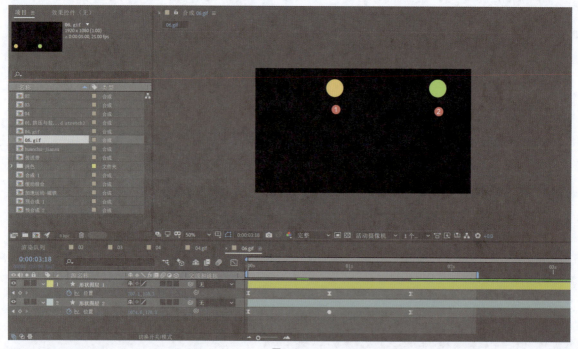

图1-34

正方形关键帧

正方形关键帧表示定格(硬性变化),在文字变换动画中比较常用。它只有开始和结束状态,没有运动过程,有点像定格动画,即没有过渡,可以理解为"到时间直接跳转"。在文字图层的源文本上添加的关键帧就是正方形的定格关键帧,如图1-35所示。

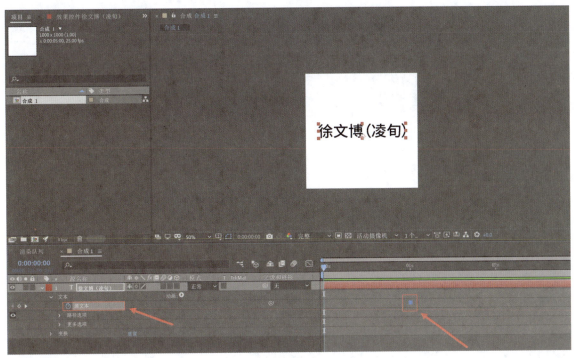

图1-35

▍ 凹三角、凸三角关键帧

凹三角关键帧和凸三角关键帧都是停止关键帧,如图1-36所示。"形状图层2"表示曲线转换为停止状态,"形状图层1"表示线性转换为停止状态,图表编辑器如图1-37所示。可以通过单击鼠标右键并选择"切换定格关键帧"来调整,如图1-38所示。凹三角表示曲线关键帧转换为停止关键帧后的状态,凸三角表示普通线性关键帧转换为停止关键帧后的状态。

图1-36

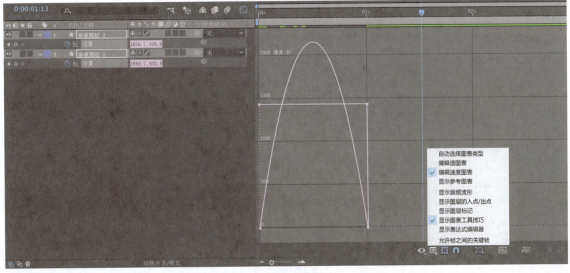

图1-37

图1-38

▌时间线的调整

如果想添加关键帧,只需将时间指示器拖动到合适的位置即可。如果想对时间线进行切割,可以选中图层并按快捷键Alt+{或Alt+}。在图1-39所示的①处按快捷键Alt+{,将切割掉①处的前半部分;在②处按快捷键Alt+},将切割掉②处的后半部分。

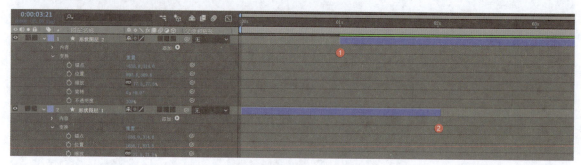

图1-39

为了更好地区分图层,可以单击图层标签,如图1-40所示,然后修改标签颜色,为不同类型的图层设置不同的颜色。例如将文字图层设置为红色,形状图层设置为黄色,图片图层设置为蓝色等,这样可以快速找到对应图层,也可以提高工作效率。

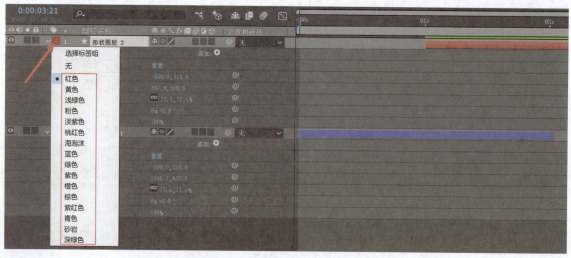

图1-40

1.4 动画曲线

利用动画曲线可以实现对象运动的仿真效果,如加速运动、减速运动、匀速运动和自由落体运动等。在图表编辑器中为某个属性添加动画时,可以在速度图表中查看和调整动画曲线,从而控制对象的变化速率,使运动效果更加真实。

1.4.1 速度曲线与值曲线

速度曲线 v-t 如图1-41所示,速度曲线的横轴表示时间(t),纵轴表示速度(v)。速度从0开始,逐渐增加到$v1$(最大值),最后减为0(缓入缓出曲线)。速度曲线越平缓,运动过程中对象的速度变化越小;反之,曲线越陡峭,对象的速度变化越大。

值曲线 s-t 如图1-42所示,值曲线是路程与时间的关系曲线,$s1$和$s2$表示物体当前运动的总路程。曲线上的点的切线斜率越大,物体运动速度越快;反之,运动速度越慢。

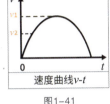
图1-41

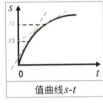
图1-42

1.4.2 线性动画

线性动画指动画从开始到结束一直以同样的速度运动。图1-43所示为匀速直线运动的动画,对应的速度图表如图1-44所示,其动画曲线就是一条直线,没有曲线过渡。其值图表如图1-45所示。

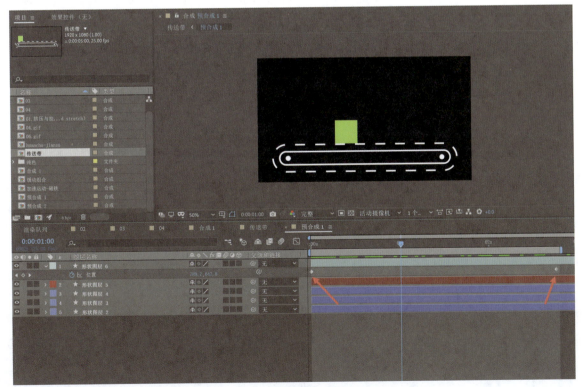
图1-43

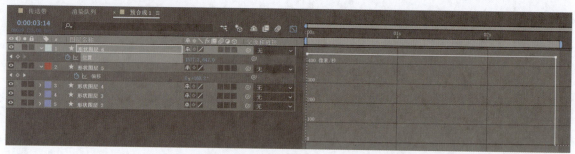

图1-44

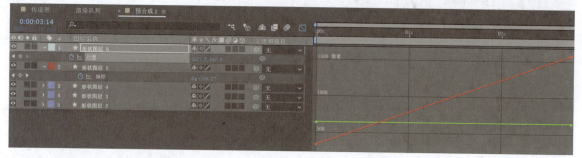

图1-45

1.4.3 缓入动画

缓入动画的速度先慢后快,动画曲线先陡峭再平缓。缓入动画会在速度最快的时候突然停止,有点像被磁铁突然吸住的感觉,如图1-46所示。对应的速度图表如图1-47所示,速度在达到最大值时突然变为0。对应的值图表如图1-48所示。

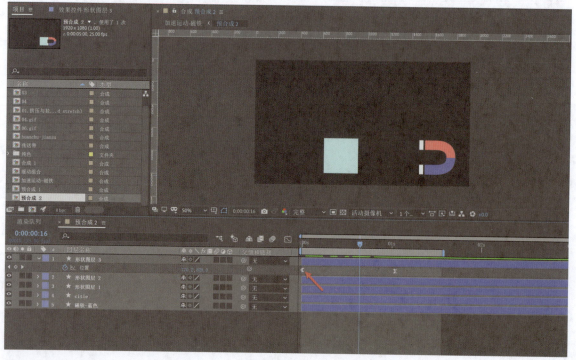

图1-46

图1-47

图1-48

1.4.4 缓出动画

缓出动画与缓入动画正好相反,缓出动画的速度先快后慢,如图1-49所示。对应的速度图表如图1-50所示,对应的值图表如图1-51所示。

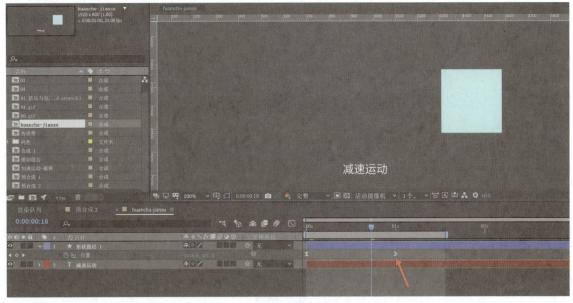

图1-49

图1-50

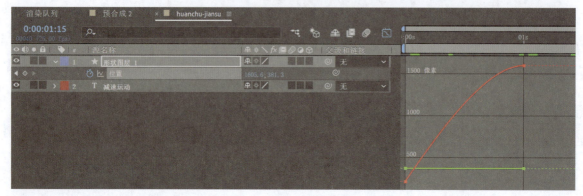

图1-51

1.4.5 缓入缓出动画

缓入缓出动画的速度由慢变快，再变慢。值得注意的是，默认的F9对实际效果来讲并不够，还需要将对比调节得更强。F9的默认速度图表如图1-52所示，F9的默认值图表如图1-53所示（这里的"F9"是缓入缓出的快捷键）。

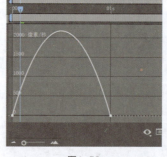

图1-52

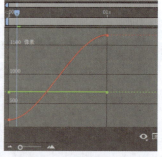

图1-53

当把对比调节得更强后，速度图表如图1-54所示，这样实现的效果比较自然，也更符合实际情况。对应的值图表如图1-55所示。单纯的线性动画、缓入动画、缓出动画并不一定符合正常的运动规律，只有将不同类型的动画相互结合才能制作出符合实际运动规律的动画。

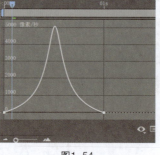

图1-54

图1-55

1.4.6 动画制作法则

本节将介绍一些动画制作法则，了解它们，有助于让制作的动画效果看起来更加真实、自然。

▶ **挤压与拉伸**

当物体受到力的作用时，会产生形变，例如弹跳的球在落地时被挤压，在弹起时被拉伸。为了让动画效果更加自然，在制作过程中需要顺应这些运动规律，即对物体添加压缩或拉伸效果。物体的柔和度也可以通过挤压和拉伸过程体现：柔和度越高，形变越明显；柔和度越低，形变越不明显。

▶ **预备动作**

物体或人物运动前通常有预备动作，例如扔东西时先向后拉手，再向前投掷；跳高前先下蹲发力，再往前跳。在制作动画时添加预备动作可以使画面更自然、真实。

▶ **布局**

在动画制作中，布局的作用是引导观众的视线，使其关注动画制作者想要突出展示的元素或场景。具体方法为使画面停止几秒，或者在素材过于复杂的场景中对想要凸显的人物打上聚光灯。这些布局技巧有助于增强动画的视觉效果，让观众更好地接收动画想要传达的信息。

▶ **连续帧动画与关键帧动画**

连续帧动画需要逐帧绘制画面，而关键帧动画需要先绘制动画的重要转折点和动作变化，再填充中间画面。这两种方法都适用于手绘动画，并且可以结合使用。图1-56所示的是这两种方法的不同之处。

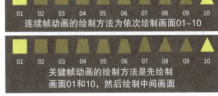

图1-56

> **提示** 关键帧动画的绘制方法适合绘制一些无运动规律的事物，如云、雨、火焰等。

▶ **跟随动作与重叠动作**

跟随动作可以体现出动作的延续性，例如人物戴着丝巾向前跑，突然停止，在停止的瞬间，丝巾是向前飘动的。重叠动作指人物在运动的时候身体的关节并不是在同一时间开始或结束的，而是两者有重叠；如果同时开始、同时结束，动作就会比较机械。

▶ **缓入缓出**

这是最常用的动画制作法则，因为几乎所有物体的运动都是一个逐步加速，再逐步减速到停止的过程，机械物体的运动除外，例如传送带上的货物就属于匀速运动。

▶ **动作弧线**

人物在运动时由于受到骨骼的影响，会呈现弧线运动的特点，如果人物进行直线运动就会显得十分生硬。

▶ **次要动作**

次要动作可以理解为细节动作，用于点缀主要动作，例如用右手敲门时，如果左手自然下垂，那么会给人轻松的感觉；如果左手握拳则会给人气愤的感觉；如果眼睛同时四处张望，看起来就比较可疑。这里的左手自然下垂和眼睛四处张望就属于次要动作。次要动作可以丰富主要动作，但是不要太过，适当即可。

▲ 节奏

适当的节奏可以使画面更有张力。有快有慢，有快镜头，有慢镜头，这些都可以使画面充满节奏感。相反，缺乏节奏感的画面就会显得很机械。

▲ 夸张

合理地将动画夸张化往往可以呈现出更好的效果（可以用挤压、拉伸、加快或放慢等方法），也可以增强动画的吸引力。

▲ 实体图

可以理解为立体的形态，一个圆很平，但是立体的球就有空间感；一张卡片很平淡，但是加上投影就会很立体。要注意在实现立体的同时保持画面的平衡。

▲ 吸引力

画面要有创新，这样才能更好地吸引观众。

制作动画时要合理地运用这些法则，不要机械地使用，也不要过度使用。

1.5 蒙版与遮罩

蒙版与遮罩是After Effects中常用的功能，与Illustrator中的剪切蒙版、Photoshop中的蒙版类似。蒙版和遮罩的应用虽然有区别，但是它们的原理比较类似。

1.5.1 蒙版

蒙版分为闭合路径蒙版和开放路径蒙版。蒙版只能创建在图层上，作为图层的属性存在，而不能作为单独的图层。

一般使用形状类工具绘制规则蒙版，使用"钢笔工具"绘制任意的蒙版路径。还可以在文字图层上创建蒙版。蒙版顶点及线框的颜色由蒙版名称左侧的颜色标签决定。

当想显示某一图层中的部分信息时，就需要用到蒙版。例如，想只显示图1-57所示的表情包图片中用红色框起的部分，可以选择"矩形工具"为其创建蒙版，操作过程如图1-58所示。

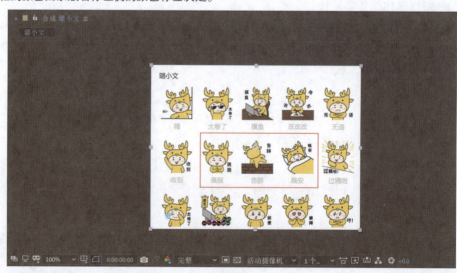

图1-57

操作过程

①选中需要创建蒙版的图层。
②选择"矩形工具"。
③单击"工具创建蒙版"按钮。若不单击此处,绘制出来的将是形状图层,而非蒙版。
④框选出想要显示的区域。

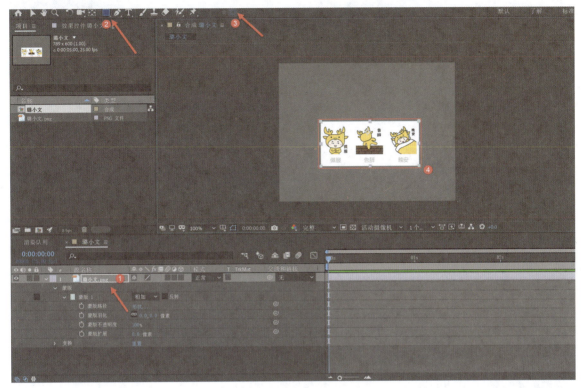

图1-58

完成上述操作后,读者可以在创建了蒙版的图层下方看到"蒙版1",在"蒙版1"的属性区域中可以对这个蒙版的属性做进一步编辑。

蒙版常用的5种模式

这里为图层创建两个蒙版,用于演示操作。"蒙版1"中的形状为矩形,"蒙版2"中的形状为圆形。单击蒙版名称右侧的下拉按钮,在下拉列表中可以看到很多模式,如图1-59所示。

当"蒙版1"为"无"模式,"蒙版2"为"相加"模式时,只能看见"蒙版2"中的区域,因为选择"无"模式后,"蒙版1"不显示,如图1-60所示。

图1-59

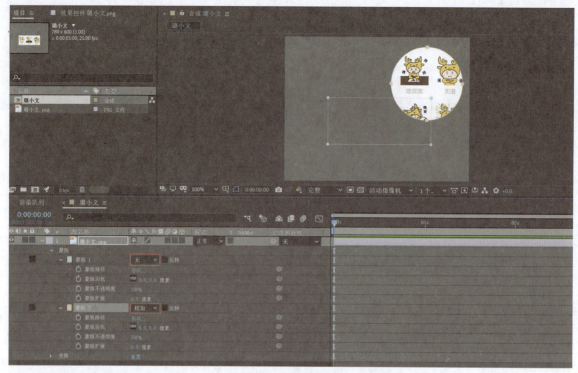

图1-60

当"蒙版1""蒙版2"均为"相加"模式时,可以看到蒙版区域是"蒙版1"和"蒙版2"叠加后的区域,如图1-61所示。因此,蒙版的"相加"模式是各个蒙版区域叠加显示(如果只有一个蒙版,显示框选的蒙版区域;如果有多个蒙版,显示各个蒙版相互叠加后的区域)。

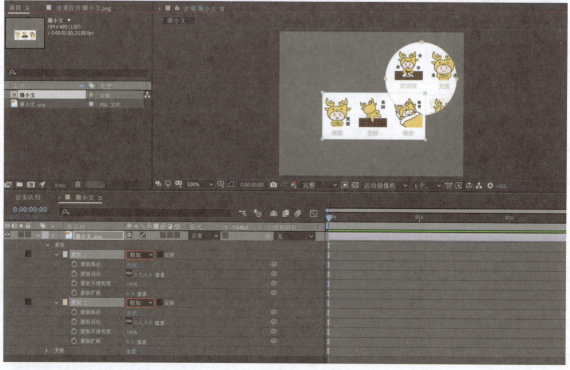

图1-61

当"蒙版1"为"相加"模式,"蒙版2"为"相减"模式时,可以看到蒙版区域为"蒙版1"减去"蒙版1"和"蒙版2"相交的部分的区域,如图1-62所示。"相减"和"相加"模式互为反向模式。

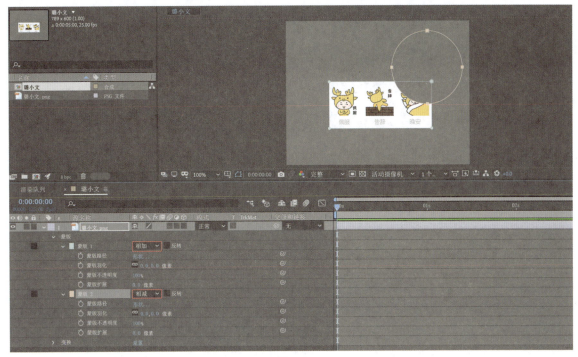

图1-62

当"蒙版1"为"交集"模式,"蒙版2"也为"交集"模式时,可以看到蒙版区域是"蒙版1"和"蒙版2"的重合区域,也就是两者的共有区域,如图1-63所示。

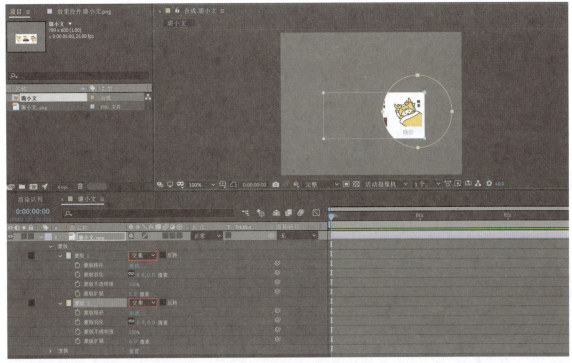

图1-63

当"蒙版1"为"相加"模式,"蒙版2"为"差值"模式时,蒙版区域是"蒙版1"和"蒙版2"的并集,但去掉相交部分,即"蒙版1"和"蒙版2"的重合部分,如图1-64所示。

图1-64

▸ 蒙版的4种属性

蒙版路径: 记录了蒙版顶点的坐标信息。可以通过为"蒙版路径"属性创建关键帧来制作蒙版的路径动画;也可以绘制非闭合路径,然后将该路径复制到其他图层的"位置"等属性上,以此来制作蒙版的路径动画。

蒙版羽化: 可对蒙版周围区域做羽化处理。当调大"蒙版羽化"数值时,可以看到蒙版周围有了虚化效果,如图1-65所示。在制作动画时如果想让蒙版过渡得自然,可以适当增加"蒙版羽化"的数值。

图1-65

蒙版不透明度： 用于调整蒙版区域的不透明度，效果如图1-66所示。该属性与图层的"不透明度"类似，但它只对蒙版区域有效。

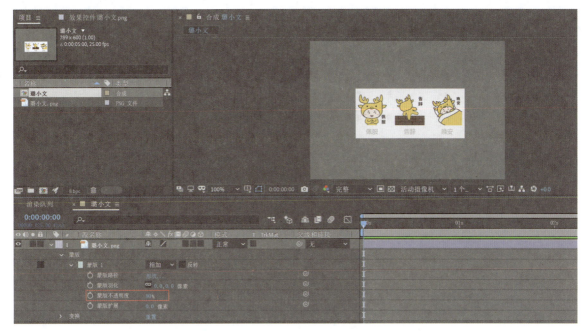

图1-66

蒙版扩展： 将绘制的蒙版区域向外进行扩展或向内进行收缩，当该参数数值为正时，蒙版区域向外扩展，数值为负时向内收缩，如图1-67所示。当修改"蒙版扩展"的值时，蒙版区域外侧的显示范围也会发生变化，可以利用该属性制作入场或出场动画。

图1-67

> **提示** 一般情况下蒙版设置好后都需要适当调节"蒙版羽化"的数值，使画面过渡得更自然。"蒙版扩展"属性常用于制作转场效果。

1.5.2 遮罩

遮罩（Matte）的意思是遮挡、遮盖，该功能常用于遮挡部分图像内容，并显示特定区域的图像内容，相当于一个窗口。遮罩是作为一个单独的图层存在的。作为轨道遮罩的图层称为轨道遮罩层，必须位于使用轨道遮罩的图层的正上方。如果多个图层使用同样的轨道遮罩，需要先将这些图层进行预合成，然后在预合成上启用轨道遮罩。当图层启用轨道遮罩之后，其上方的轨道遮罩层将被自动隐藏，并且图层名称左侧会出现图标◘。虽然轨道遮罩层被隐藏，但仍然可以被选中，并可以进行移动、缩放或旋转等操作，即制作关键帧动画。

图1-68所示的①处的图标◘为启用遮罩的标志，②处的图层为轨道遮罩层，③处的图层为使用轨道遮罩的图层，④处用于启用或者停用轨道遮罩。

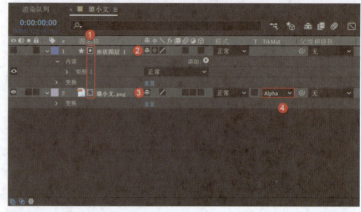

图1-68

如果在图层上找不到轨道遮罩栏，如图1-69所示，可以按F4键将其显示出来，也可以单击图层区域左下角的 图标，展开轨道遮罩栏，如图1-70所示。

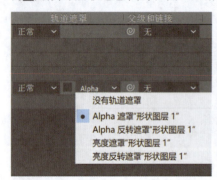

图1-69

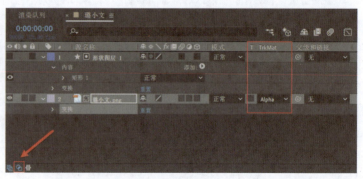

图1-70

1.6 导入与导出

在使用After Effects制作动画之前一般需要导入素材，如AI、PSD、JPG、PNG等格式的文件。在完成动画的制作之后一般要导出AVI、MP4、GIF等格式的文件。本节讲解After Effects中的导入和导出方法。

1.6.1 文件格式

在After Effects中常见的文件格式可以分为动画格式、图片格式、源文件格式。

▌动画格式

常用的动画格式有MP4、MOV、AVI和GIF等。其中GIF是动图格式，可以直接将GIF文件拖曳到"项目"面板中，如图1-71所示；MOV是无损压缩格式且带有Alpha通道；AVI也是无损压缩格式但无Alpha通道；MP4属于有损压缩格式，占用的内存较少。

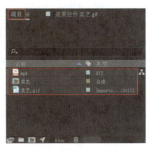

图1-71

▌图片格式

图片主要有JPG、PNG等格式。JPG属于有损压缩格式，无Alpha通道；PNG属于无损压缩格式，带有Alpha通道。一般来说图片多为JPG格式，如果要保存透明水印等，那就需要将文件保存为PNG格式。

▌源文件格式

源文件格式主要为文字动效、Logo动效或一些在其他软件中处理过的分层素材，例如AI和PSD格式。下面单独介绍这两种格式的文件。

1.6.2 AI和PSD文件的导入

Illustrator和Photoshop是常用的设计软件，一般可以用它们处理好分层文件，然后导入After Effects进行动画制作。

▌将AI文件导入After Effects

01 在Illustrator中绘制好内容，执行"窗口>图层"菜单命令，如图1-72所示，打开"图层"面板。单击"图层"面板右上角的 图标，选择"释放到图层(顺序)"，如图1-73所示。

图1-72　　　　　　　　　　　　图1-73

02 选择释放后的图层，如图1-74所示。向下拖曳，直到出现一个小手形状，松开鼠标左键。此时第1个图层会变成空白图层，将该图层删除，如图1-75所示。

图1-74

图1-75

提示 如果图层很多，想更好地区分，可以双击图层并逐一进行更改。在Illustrator中设置好图层名称后，After Effects中的图层名称也会是设置好的。如果图层数量比较少，那直接保存即可。

03 打开After Effects，将刚刚保存好的AI文件拖曳到After Effects的"项目"面板中，会弹出图1-76所示的对话框。

04 在"导入种类"中选择"素材"，如图1-77所示，软件会要求继续选择"合并的图层"或者"选择图层"。如果选择"合并的图层"，表示将所有分层合并为一张图进行导入，这和直接导入JPG文件没什么区别，但会失去想要的分层源文件，所以很少会选择此项。

05 如果选择"选择图层"，如图1-78所示，可以选择导入文件中的任意一个图层，并且可以选择图层的大小。"图层大小"表示Illustrator中的图层大小，"文档大小"表示After Effects中的合成大小。如果想导入文件整体，一般不会选择"素材"这个导入种类，要导入文件中的某一部分时才会选择"素材"。读者根据工作需求进行选择即可。

06 要想导入整个分层文件，在"导入种类"中选择"合成"，在"素材尺寸"中选择"图层大小"，如图1-79所示。After Effects会以刚导入的AI文件为准，新建一个合成，合成中的图层以Illustrator中的图层大小为准。

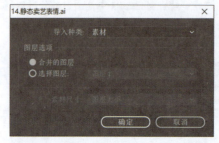
图1-76

图1-77

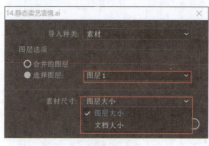
图1-78

图1-79

07 如果在"素材尺寸"中选择了"文档大小"，那么每个图层都将以合成大小来计算，这样不太方便后续操作。因此，此处选择"图层大小"即可。单击"确定"按钮后，双击图1-80所示的文件以打开合成，可以看到具体的图层如图1-81所示，说明成功导入了在Illustrator中制作的分层文件。

图1-80

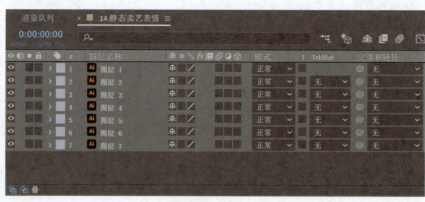
图1-81

08 如果要将AI文件中的图层转换成可以编辑的矢量文件，可以在选择图层后单击鼠标右键，选择"创建>从矢量图层创建形状"，如图1-82所示。这时将得到图1-83所示的内容，然后将不需要的AI图层删除就可以了。

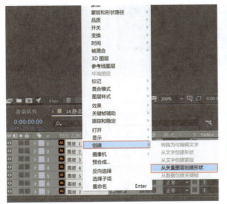

图1-82

图1-83

▌将PSD文件导入After Effects

PSD文件是在Photoshop中处理好的源文件，其导入方法与将AI文件导入After Effects的方法类似，需要注意的就是PSD文件不要出现编组，要将图层整理成单独的图片图层、文字图层或形状图层等。另外，也不要出现画板，否则在导入After Effects后会出现难以处理的问题。

1.6.3 GIF文件和视频的导出

制作的动效最终是要导出GIF或者视频（MOV、AVI、MP4）格式的，但After Effects不支持导出GIF和MP4格式的文件，所以需要借助其他插件或者软件来实现。

▌在After Effects中导出GIF文件

可以先导出其他视频格式，然后在Photoshop中导出GIF文件，也可以在After Effects中安装插件GifGun来导出GIF文件，或者使用Media Encoder（简称ME）来直接导出GIF文件。这里以使用Media Encoder导出为例进行讲解。

01 执行"合成>添加到Adobe Media Encoder队列…"菜单命令或按快捷键Ctrl+Alt+M，如图1-84所示。这里需要提前安装好Media Encoder，否则无法成功启动。

02 在①处单击，打开"导出设置"面板，设置"格式"为GIF，然后单击"确定"按钮，如图1-85所示。

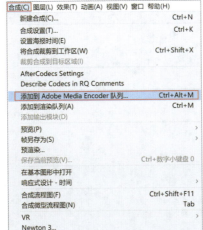

图1-84　　　　　　　　图1-85

03 选择输出路径，也就是文件要导出的位置，这里选择的是计算机桌面，可以根据自己的实际情况来选择合适的文件夹，具体设置如图1-86所示。单击"启用队列"按钮 即可完成导出，如图1-87所示。

图1-86

图1-87

▶ 在After Effects中导出视频格式的文件

常用的3种视频格式分别是MOV、AVI、MP4，其中MP4的使用频率较高，但是低版本的After Effects无此功能。除了可以使用After Effects 2023以上的版本直接导出，还可以使用Media Encoder导出MP4格式的文件。注意，H.264代表MP4格式。

01 执行"合成>添加到渲染队列"菜单命令或者按快捷键Ctrl+M，如图1-88所示。

02 单击"输出模块"右侧的"无损"，打开"输出模块设置"对话框，在"格式"中选择AVI，然后单击"确定"按钮 ，如图1-89所示。

图1-88

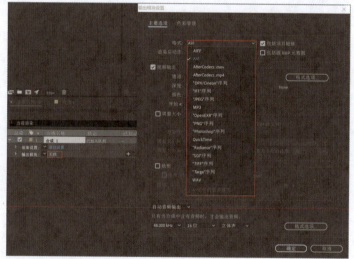

图1-89

03 单击"输出到"右侧的合成名称来选择输出的路径，如图1-90所示。最后单击"渲染"按钮 ，等待渲染完成即可。

图1-90

> **提示** 渲染的速度取决于动画时长和计算机的配置，一般几秒到几分钟就可以完成渲染。

第 2 章 表达式

After Effects中有很多表达式,表达式这个词可能会让初学者望而生畏,不过再难的东西都有规则可循。理解表达式的基本原理,掌握常用的表达式后,可以提高工作效率。本章会用简单的描述解释一些看似复杂的操作,让读者轻松地掌握常用表达式。

2.1 什么是表达式

表达式是After Effects内部基于JavaScript（简称JS）脚本语言开发的编辑工具，可以理解为简单的编程。表达式只能添加在可以编辑的关建帧的属性上，不可以添加在其他地方。表达式使用与否应根据实际情况来决定，如果使用关键帧就可以很好地实现所需效果，那么只使用关键帧就可以了。表达式在大部分情况下可以节约时间，提高工作效率。

2.1.1 添加表达式

表达式只能添加在可以编辑的关建帧的属性上，例如可以为形状图层的"旋转"属性添加表达式。

01 按住Alt键并单击"旋转"属性前面的"码表"按钮 ，如图2-1所示。

02 单击后会发现"旋转"属性的数值变为红色，同时面板右侧会出现"transform.rotation"，如图2-2所示，意思是"变换旋转"。将出现的英文删除，直接输入想要添加的表达式即可。

图2-1

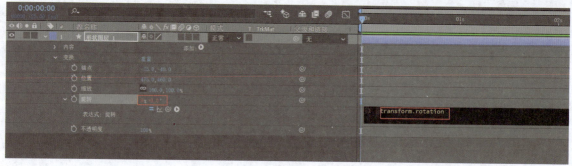

图2-2

2.1.2 表达式工具

表达式工具共有4种，分别为表达式开关、表达式图表、表达式关联器和表达式语言菜单。

▶ **表达式开关**

图2-3所示的按钮为表达式开关，作用是打开或者关闭表达式效果，打开时该开关显示为蓝色，对应属性的数值显示为红色。关闭时的效果如图2-4所示，开关显示为灰色，并有一个"\"符号，对应属性的数值显示为蓝色。

图2-3　　　　　　　　　　图2-4

表达式图表

单击"显示后表达式图表"按钮 ，可以查看表达式数值变化，要结合图表编辑器一起使用，如图2-5所示。为形状图层添加抖动/摆动表达式后，打开表达式的图表编辑器可以看到数值的变化曲线，如图2-6所示。

图2-5

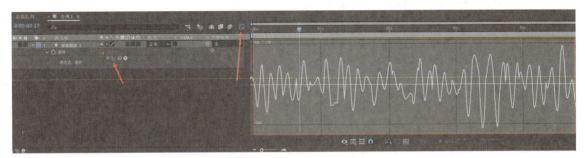

图2-6

表达式关联器

图2-7所示的按钮为表达式关联器，主要用来链接属性。

> 提示 当想要将某个属性的关键帧链接到其他属性上时，可以采用表达式关联器进行链接，这样可以快速创建表达式。

图2-7

表达式语言菜单

表达式语言菜单主要用于调用After Effects的内置表达式。单击图2-8所示的按钮后会出现很多表达式，读者只需要了解常用的表达式即可。

After Effects中不同属性的参数类型不同，通常可以分为数值（"旋转""不透明度"）、数组（"位置""缩放"）、布尔值（true、1代表"真"，false、0代表"假"）。读者可以使用这3种形式来书写表达式，也可以直接调用表达式菜单中的内置表达式。

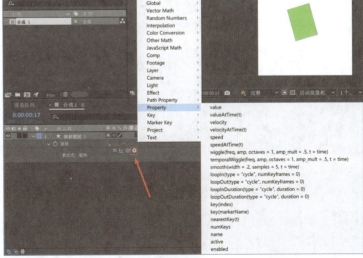

图2-8

2.2 常用表达式

After Effects表达式的数量非常多，工作中不需要全部掌握，也不需要自己编写复杂的内容，只需要了解常用的表达式，记住一些简单的英文含义即可。

2.2.1 时间类表达式

时间类表达式主要通过控制时间参数来生成动画效果，提供了与时间有关的内容的一些快捷处理方式，例如设定图形在特定时间内旋转的角度、循环的效果，或者在特定时间范围内抽取的帧数等。

▶ **time表达式**

time表示时间，以秒为单位。表达式为"time*n"，可以理解为"时间（秒）*n"（若应用于"旋转"属性，则n表示旋转的角度），如图2-9所示。

图2-9

为图层的"旋转"属性添加时间表达式"time*60"，意思为矩形每秒旋转60°（旋转的中心点就是矩形的锚点），且转动速度相同。也就是说矩形在1秒内旋转60°，2秒内旋转120°，以此类推（数值为正数时顺时针旋转，为负数时逆时针旋转）。演示效果如图2-10~图2-12所示。

图2-10　　　　　　　图2-11

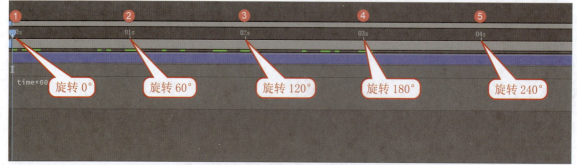

图2-12

time只能赋予一维属性的数值，可将"位置"属性设置为"单独尺寸"，从而单独设置x轴或y轴上的time表达式。

> **提示** 还可以把time表达式添加在时针、分针的"旋转"属性上，以模拟时针旋转。因为time的单位为秒，所以可以直接把time表达式添加在"旋转"属性上，表示1秒转动1°。在分针上添加"time*360"可以实现分针转一圈的效果，同时时针会因为分针转一圈而转动1/12圈，表达式为"value+time*360/12"，"value"代表固有的旋转数值。

timeRemap表达式（抽帧）

"timeRemap*n"中的n以帧为单位。选中想要抽帧的图层，然后执行"图层 > 时间 > 启用时间重映射"菜单命令或者按快捷键Ctrl+Alt+T，如图2-13所示。为"时间重映射"属性设置表达式"timeRemap*10"，如图2-14所示，代表每隔10帧就抽掉1帧画面（具体的抽帧数值由抽取的速率决定）。

> **提示** 使用timeRemap表达式之前要启用"时间重映射"功能，否则无法使用此表达式。

图2-13

图2-14

Other Math（角度弧度）表达式

角度弧度表达式是After Effects的内置表达式，如图2-15所示，包含degreesToRadians(degrees)（角度转为弧度，degrees表示度的变量或表达式）、radiansToDegrees(radians)（弧度转为角度，radians表示弧度的变量或表达式）。工作中常用JavaScript Math中的表达式来计算sin、cos、tan、cot等，如图2-16所示。

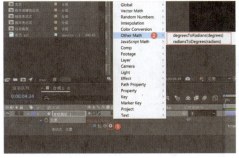

图2-15

图2-16

marker表达式

marker.key(index)中的index表示数值，marker.key(name)中的name表示一个字符串。

图2-17所示的thisComp.marker.key(1).time表示返回第1个合成标记的时间，thisComp.marker.key("我叫注释名称").time表示返回名称为"我叫注释名称"的合成标记的时间。

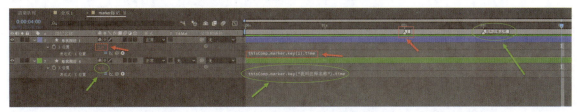

图2-17

2.2.2 随机类表达式

随机类表达式用于让图层产生一些随机的动画效果，例如想让物体随机摆动或者反弹，可以用随机类表达式来实现。

▌ 抖动/摆动表达式

wiggle(freq, amp, octaves = 1, amp_mult = 0.5, t = time)

freq表示频率（每秒抖动的次数）。

amp表示振幅（每次抖动的幅度）。

octaves表示振幅幅度，在每次设定振幅的基础上还可以进行一定的振幅幅度处理，该参数使用频率不高。

amp_mult表示频率倍频，保持默认数值即可。该数值越接近0，细节越少；接近1，细节越多。

t表示抖动时间。抖动时间为合成时间，一般无须修改。

一般只设置前两个参数的值即可，如果想控制得更加精细，也可以把所有参数都设置为想要的数值。若为一维属性如"位置"属性添加"wiggle(10,20)"，如图2-18所示，则表示图层每秒抖动10次，每次随机抖动的幅度为20。

图2-18

若为二维属性如"缩放"属性添加"n=wiggle(1,10);[n[0],n[0]]"，如图2-19所示，则表示图层在x轴、y轴方向的缩放每秒抖动1次，每次随机抖动的幅度为10。

图2-19

若在二维属性中想单独在单个维度进行抖动，需要将二维属性设置为"单独尺寸"后添加"wiggle(10,20)"，如图2-20所示，该表达式表示图层在x轴方向的缩放每秒抖动10次，每次随机抖动的幅度为20。

图2-20

> **提示** 抖动/摆动表达式可以直接在任意关键帧的现有属性上运行，也就是说可以在已经设置好任意属性的关键帧之后，再添加抖动/摆动表达式。读者可以使用抖动/摆动表达式来实现更多的效果。

▌ random表达式（随机表达式）

random(x,y)表示在数值x到y之间随机进行抽取，最小值为x，最大值为y。

若为数字源文本添加表达式"random(20)",如图2-21所示,则数据会随机发生改变,但是最大值不会超过20。

图2-21

若为数字源文本添加表达式"random(10,100)",如图2-22所示,则数据会在10~100范围内随机改变。

图2-22

若为数字源文本添加表达式"seedRandom(5, timeless = false)random(50)",如图2-23所示,则数据会在50以内随机改变(前面的5是种子数,当一个画面中需要多个数值在相同区间内做随机变化时,就要为它们添加不同的种子数,防止两者的随机变化雷同)。

图2-23

若希望数字随机变化为整数,则应添加表达式"Math.round(random(2,50))",如图2-24所示,表示在2~50范围内随机改变(无小数)。

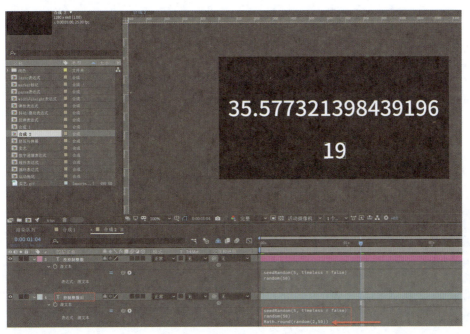

图2-24

提示 随机表达式不仅可以在数据上使用,在其他属性上也可以使用。若希望随机变化的数值为整数,那么要将Math中的M写作大写形式。

弹性表达式

```
n = 0;
if (numKeys > 0){
n = nearestKey(time).index;
if (key(n).time > time){n--;}}
if (n == 0){t = 0;}else{
t = time - key(n).time;}
if (n > 0){
v = velocityAtTime(key(n).time - thisComp.frameDuration/10);
amp = .03;
freq = 2.5;
decay = 4.0;
value + v*amp*Math.sin(freq*t*2*Math.PI)/Math.exp(decay*t);
}else{value;}
```

其中amp表示振幅，freq表示频率，decay表示衰减。输入上述代码即可实现弹性效果，如图2-25所示。读者可以根据实际情况来调整数值。

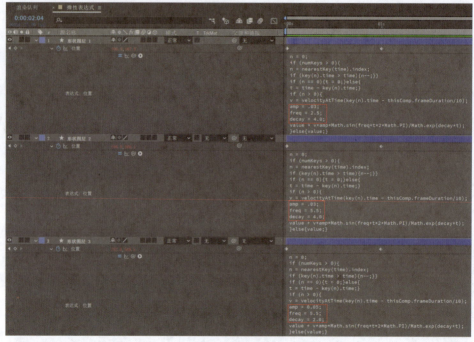

图2-25

反弹表达式

图2-26所示的表达式"k=500; a=8; b=30; x=k*(1-Math.exp(-a*time)*Math.cos(b*time));[x,x]"为反弹表达式，读者可以根据不同情况调整k、a、b的数值。k表示反弹的最终结果，a表示反弹阻力，b表示反弹变化时间。

图2-26

2.2.3 索引类表达式

索引能帮助使用者更方便地找到任意对象或者值。

▶ index表达式

index表达式用于实现每间隔多少数值产生多少变化的效果。

若为图层的"旋转"属性添加表达式"index*5",则第1个图层会旋转5°,按快捷键Ctrl+D复制多个图层,第2个图层将旋转10°,以此类推。

如果想让第1层的图形不旋转,复制后的图形旋转角度以5°递增,表达式可写为"(index-1)*5",如图2-27所示。

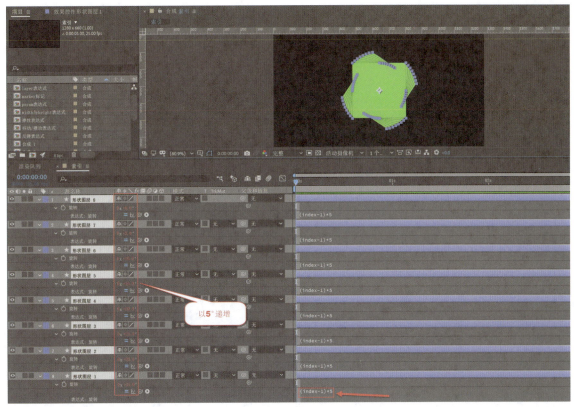

图2-27

▶ param表达式

param(name)中的name表示字符串,param(index)中的index表示数值。图2-28所示的"effect("高斯模糊").param("模糊度")"的效果控制点始终位于图层内。

图2-28

2.2.4 值类表达式

值表示属性值，值类表达式是对属性的值进行计算的表达式。

▶ value表达式

value表达式用于在当前时间输出当前属性值。若对"位置"属性添加表达式"value+100"，如图2-29所示，则当前图层的位置会在关键帧数值的基础上沿x轴向右偏移100（数值为正时向右偏移，为负时向左偏移）。若想控制y轴的"位置"属性，则可将"位置"属性设置为单独尺寸。

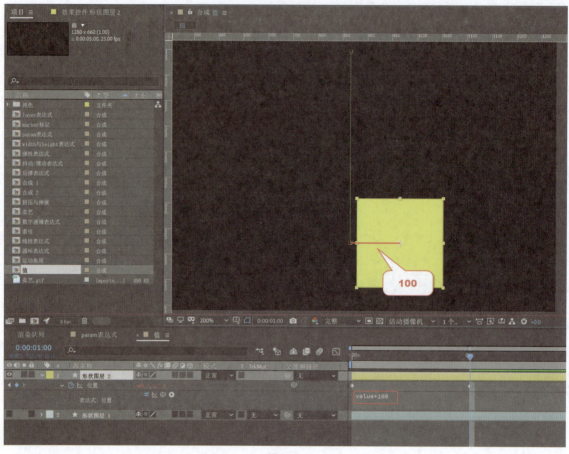

图2-29

选中图层的"位置"属性，单击鼠标右键后选择"单独尺寸"，如图2-30所示，可以看到"位置"属性被分为"X位置"和"Y位置"了，如图2-31所示。

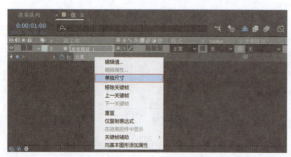

图2-30

图2-31

现在可以单独控制y轴的"位置"属性了（数值为正时向下移动，为负时向上移动）。为y轴的"位置"属性添加表达式"value-100"，可以看到当前图层的位置在关键帧数值的基础上沿y轴向上偏移100，如图2-32所示。

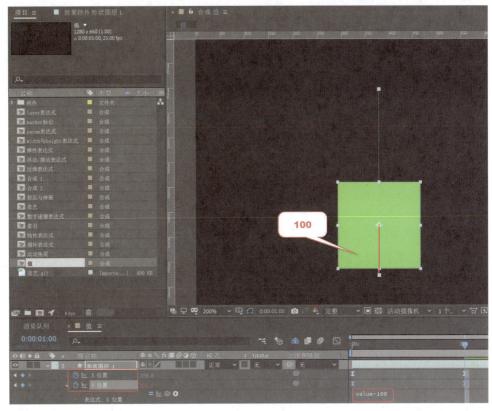

图2-32

数值递增表达式

StartNumber=1;
EndNumber=20;
StartTime=0;
EndTime=3;
t=linear(time,StartTime,EndTime,StartNumber,EndNumber);
Math.floor(t)

其中StartNumber表示开始时的数值，EndNumber表示结束时的数值，StartTime表示开始的时间，EndTime表示结束的时间。

图2-33所示的表达式含义是从数字1开始，到数字20结束，时间从0秒开始，到3秒结束，也就是说在3秒的时间内，数字从1递增到20。

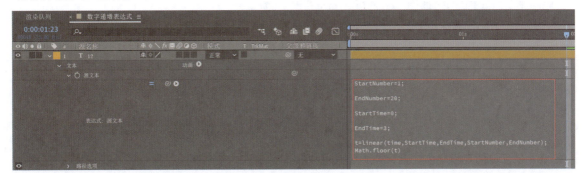

图2-33

2.2.5 循环表达式

循环表达式是常用的表达式,在制作循环动画时如果不用表达式,可能需要一直复制粘贴关键帧,这样不但浪费时间,而且容易造成关键帧混乱,所以用循环表达式是比较好的选择。循环表达式示例如图2-34所示。

"loopOut(type="类型",numkeyframes=0)"表示从开始到结束,然后继续从开始到结束,一直循环下去。

"loopOut(type="pingpang",numkeyframes=0)"表示以类似乒乓球对打的形式来回循环,从开始到结束,然后从结束又开始,周而复始。这种循环就像播放电影,先播放一遍,再倒回,然后再次播放,即使最后一帧画面和第1帧画面不一致,也看不出卡顿效果,类似乒乓球对打的循环。

"loopOut(type="cycle",numkeyframes=0)"表示周而复始地循环。

"loopOut(type="continue")"表示延续属性变化的最后速度。

"loopOut(type="offset",numkeyframes=0)"表示在指定的时间段进行循环。

numkeyframes参数表示循环的次数,值为0表示无限循环,值为1表示最后两个关键帧无限循环,值为2表示最后3个关键帧无限循环,以此类推。

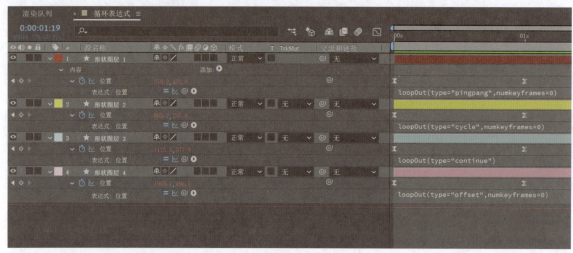

图2-34

2.2.6 距离表达式

距离表达式主要用于计算多个图层之间的距离或运行轨迹,分为线性表达式、layer表达式等。

▍ **linear表达式(线性表达式)**

"linear(t, tMin, tMax, value1, value2)"中的t表示time,tMin表示开始变化的时间,tMax表示结束变化的时间,value1表示开始变化时的数值,value2表示结束变化时的数值。

"linear(t, value1, value2)"表示当time为0~1时,从value1变化到value2。

"ease(t, tMin, tMax, value1, value2)"中各参数的含义与linear的一样,区别在于tMin和tMax处缓入缓出,使画面过渡更加平滑。

"easeIn(t, tMin, tMax, value1, value2)"中各参数的含义与linear的一样,区别是在tMin处进行缓入,使画面过渡更加平滑。

"easeOut(t, tMin, tMax, value1, value2)"中各参数的含义与linear的一样,区别是在tMax处进行缓出,使画面过渡更加平滑。

这里以"(time,0,3,131,1000)"为例进行说明,如图2-35所示。

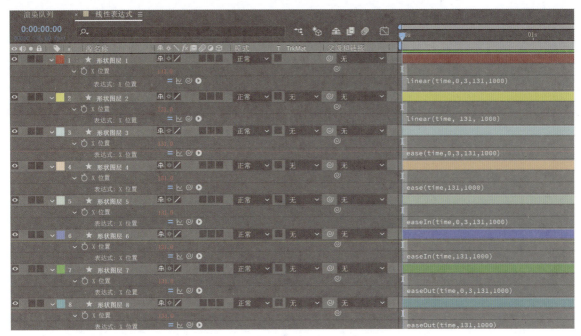

图2-35

"形状图层1"的表达式含义为0秒开始,3秒结束,在x轴上由131运动到1000。

"形状图层2"的表达式含义为0秒开始,1秒结束,在x轴上由131运动到1000。

"形状图层3"和"形状图层4"的表达式含义为在tMin和tMax处进行缓入缓出。

"形状图层5"和"形状图层6"的表达式含义为在tMin处进行缓入。

"形状图层7"和"形状图层8"的表达式含义为在tMax处进行缓出。

为数字的"源文本"属性添加线性表达式,可以制作出倒计时的效果,"n=linear(time,0,3,3,0)"表示0~3秒内数字从3变为0,如图2-36所示。若希望数字为整数,需添加Math.floor()。

图2-36

▎ layer表达式

"layer(index)"中的index表示数值,系统将按照编号检索图层;"layer(name)"中的name表示一个字符串,系统将按照名称检索图层(若没有图层名称,则根据源名称进行检索)。"layer(otherLayer,relIndex)"中的otherLayer表示图层对象,relIndex表示数值,系统将检索图层对象的编号。

观察图2-37所示的表达式"thisComp.layer(1).position; thisComp.layer("nn").position",将返回true。

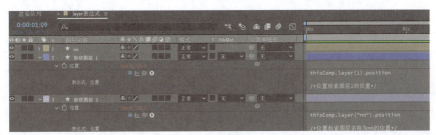

图2-37

Comp.width/.height表达式

width表示合成宽度，height表示合成高度。

"[thisComp.width/2, thisComp.height/2]"表示宽度和高度为合成的一半，也就是居中的位置。在图2-38中，"合成设置"对话框中红色框内的尺寸表示总合成的尺寸1280px×660px，"形状图层1""位置"属性的表达式表示宽度和高度为合成的一半，是合成中的紫色矩形；"形状图层2""位置"属性的表达式表示宽度和高度为合成的1/3，是合成中的绿色矩形；"形状图层3""位置"属性的表达式表示宽度和高度为合成的1/5，是合成中的青色矩形。

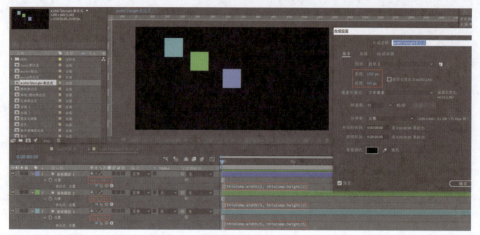

图2-38

delay表达式

delay表示要延迟的帧数。

为"位置"属性添加表达式"delay=0.5;d=delay*thisComp.frameDuration*(index – 1)""thisComp.layer(1).position.valueAtTime(time – d)"。如果想要实现"不透明度"属性的拖尾效果，需为"不透明度"属性添加表达式"opacityFactor =.80; Math.pow(opacityFactor,index – 1)*100"（调整好一个图层后将其复制多个），如图2-39所示。

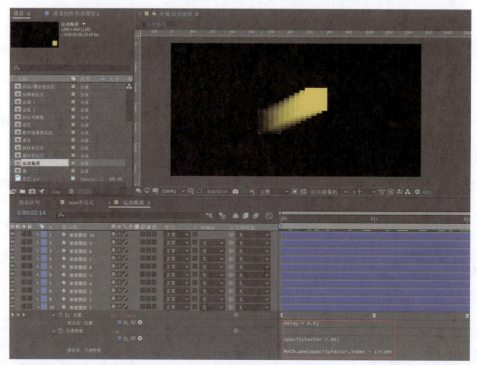

图2-39

第 3 章 移动与缩放动画

"位置"与"缩放"是图层的基础属性,大部分动画的制作都离不开基础属性。对基础属性的值稍加改变,就可以制作出很多有趣的动画。

3.1 移动动画

通过各种不同的移动方式可以制作出不同类型的移动动画。移动动画可以分为位置移动动画、对称移动动画、连续移动动画、摆动移动动画等。

3.1.1 位置移动

本小节将利用"位置"属性的变化实现位移效果。大部分的动画都会涉及基础的位移动画,上下左右移动、倾斜、路径位移或者结合其他属性都可以制作出很好的位移效果。如果是用图片素材来制作动画,需要先把图片素材拖曳到"项目"面板中;如果想用形状来制作动画,需要先绘制几何图形。这里使用图形来进行讲解,效果如图3-1所示。

图3-1

01 新建项目,按快捷键Ctrl+N新建合成,设置"合成名称"为"3.1.1位置移动","背景颜色"为"黑色",如图3-2所示。至于"宽度""高度""帧速率"等参数,读者根据需求设置即可,也可以在后续添加到原片的时候,根据原片的要求进行设置。

02 选择"矩形工具" ,在"合成"面板中按住Shift键并按住鼠标左键拖曳鼠标,绘制一个正方形,如图3-3所示。接下来在属性栏中设置"填充"为"无","描边"为10像素,制作出矩形框,如图3-4所示。

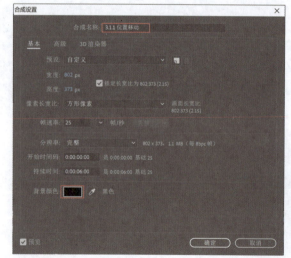

图3-2

图3-3　　　　　图3-4

03 选中"形状图层1",按P键激活"位置"属性,然后移动时间指示器到0秒的位置,单击"码表"按钮 ,为"位置"属性添加关键帧,如图3-5所示。

图3-5

04 接下来设置位移结束的时间,如果想在3s时结束,可以将时间指示器移动到3s的位置,然后在"位置"属性中设置x轴和y轴的数值,如图3-6所示,也可以直接移动矩形框。

图3-6

> **提示** 如果时间码的显示样式为"时:分:秒:帧",则可以直接进行设置;如果时间码显示的是帧数,则需要在时间码处按住Ctrl键并单击,切换时间码的显示样式。此外也可以进行换算,例如合成的帧速率为25帧/秒,表示1秒有25帧,那么3秒就是75帧。

05 为了让矩形框移动得比较自然,可以使用鼠标右键单击"位置"属性,然后选择"关键帧辅助>缓动"或按F9键,为关键帧加上"缓动"效果,如图3-7所示。单击"图表编辑器"按钮 即可查看位置与时间的关系,从而查看运动速度的变化情况,如图3-8所示。默认的"缓动"效果是比较呆板的,可以手动将动画曲线两侧的手柄向内拖动,让整体运动效果更自然,如图3-9所示。静帧效果如图3-10所示。

图3-7

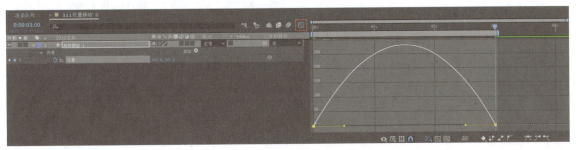

图3-8

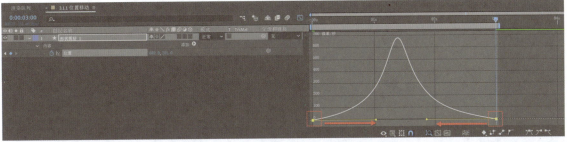

图3-9

图3-10

3.1.2 对称移动

接下来学习制作对称移动动画。本案例需要用到两个矩形框，效果如图3-11所示。

图3-11

01 新建一个合成，并绘制一个矩形框，然后选中"形状图层1"，按快捷键Ctrl+D复制一个矩形框，并将复制的矩形框向下移动，使两个矩形框不重合，如图3-12所示。

图3-12

02 选中"形状图层1"，然后用"3.1.1 位置移动"中的方法，为"位置"属性添加关键帧。先在0秒时添加关键帧，当时间指示器移动到2s时，将矩形框向右移动到合成画面外。当时间指示器移动到4s时，将矩形框向左侧移动到合成画面外。当时间指示器移动到5s时，让矩形框的位置和0秒时一致，这就是一个循环动画。操作示意如图3-13所示。

图3-13

03 激活"形状图层2"的"位置"属性，为"形状图层2"的"位置"属性添加表达式"temp = thisComp.layer("形状图层 1").transform.position[0]; [temp,temp]"。按住Alt键并单击"形状图层2"的"位置"属性前的"码表"按钮 ，然后按住"表达式关联器"按钮 ，并将其拖曳到"形状图层1"的"位置"属性的x轴数值上，如图3-14所示。将表达式中的"[temp, temp]"替换成"[811+temp*-1, 300]"，如图3-15所示。这里的"811"和"300"不是固定数值，读者可以根据自己的需要进行调节。

图3-14

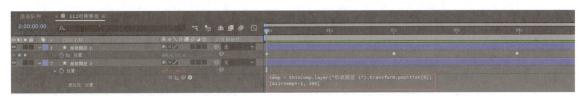

图3-15

> **提示** "temp"表示临时的意思,是表达式关联之后系统用来占位的单词,需要手动替换成实际的数值。"*-1"表示向相反方向运动,所以加了"*-1"后画面即可进行对称移动。

04 为所有关键帧添加"缓动"效果,并调节动画曲线,让整体运动效果更自然,如图3-16所示。静帧效果如图3-17所示。

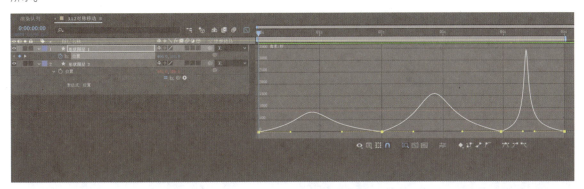

图3-16

图3-17

3.1.3 连续移动

使用"中继器"可以使图层产生连续移动的效果。当需要制作一些重复图形时,可以使用"中继器"来设置副本数量,这样可以更方便、快捷地制作动画。效果如图3-18所示。

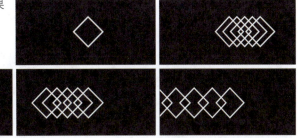

图3-18

01 新建一个合成,绘制一个矩形框,展开"形状图层1"下的"内容>矩形1>变换:矩形1",将"旋转"属性设置为45°,如图3-19所示。

图3-19

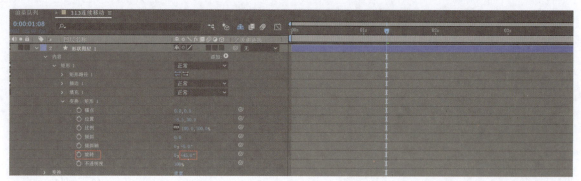

图3-19（续）

> **提示** 这里要选择"变换：矩形1"下的"旋转"属性来设置数值，如果直接在"形状图层1"的"旋转"属性中设置，添加"中继器"后将会延续此倾斜角度，达不到想要的效果。

02 单击"添加"按钮 ⊙，然后选择"中继器"，如图3-20所示。展开"中继器1"，设置"副本"为5，如图3-21所示。

图3-20

图3-21

> **提示** 这里先选择"形状图层1"，然后选择"添加"中的"中继器"，而不是选择矩形框后添加"中继器"。如果选择形状图层并添加"中继器"，"中继器"和矩形框在同一层；如果选择矩形框，然后添加"中继器"，"中继器"就属于矩形框的附属层。

03 下面为"中继器1"的"位置"属性设置关键帧。展开"变换：中继器1"，按照前面的方法，设置"位置"的值，参考关键帧数值如图3-22所示。静帧效果如图3-23所示。

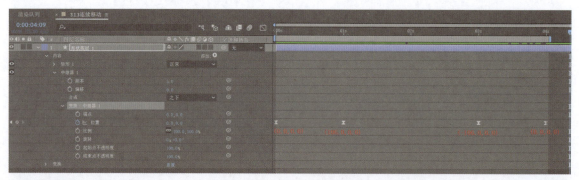

图3-22

图3-23

3.1.4 摆动移动

用抖动/摆动表达式可以使图形产生摆动效果，想要使画面中的元素随机运动时经常会用到此效果。利用表达式可以使摆动效果更加自然、真实。效果如图3-24所示。

图3-24

01 新建一个合成，绘制一个圆形，为"形状图层1"的"位置"属性添加抖动/摆动表达式"wiggle(3,200)"，表示摆动速度为3，最大偏移值为200，如图3-25所示。

图3-25

> 提示　表达式中的标点符号要在英文输入法下输入，属于半角符号。如果报错，需检查标点符号是否为半角符号。

02 为了让运动效果更逼真，可以单击"运动模糊"按钮 ，如图3-26所示，①②处的"运动模糊"开关均打开才会使图形呈现出运动模糊的效果。静帧效果如图3-27所示。

图3-26

图3-27

3.2 缩放动画

通过不同的缩放方式可以制作出不同的缩放动画。"缩放"属性也是常用的属性之一，可以用它来制作从消失到出现或者从出现到消失的效果。通过取消"约束比例"，可以进行不等比缩放。在某些情况下不等比缩放可以让动画效果更真实。例如小球掉落时，球会发生形变，其形状由圆形变为椭圆形，因此在制作小球掉落的动画时会用到不等比的缩放方式。在工作中需要根据实际情况来选择缩放的方式及缩放比例等。

3.2.1 缩放比例

本例制作一个正方形从无到有的动画，效果如图3-28所示。

图3-28

01 新建一个合成，绘制一个正方形，然后将"矩形1>矩形路径1>大小"属性中的"约束比例"取消，并为"大小"属性添加关键帧，参考关键帧数值如图3-29所示。

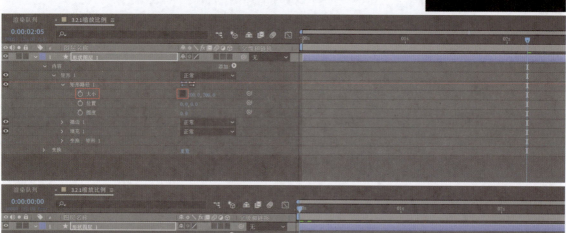

图3-29

> **提示** 为让画面过渡得更自然，在实现一个画面后不能马上跳转，而是要在不同时间设置相同的关键帧，从而为观者提供浏览的时间。

02 动画开始时画面中是没有内容的，想做循环动画，可以让结束画面中也没有内容，为"形状图层1"的"缩放"属性添加关键帧，让其从有数值变化到数值为0，如图3-30所示。

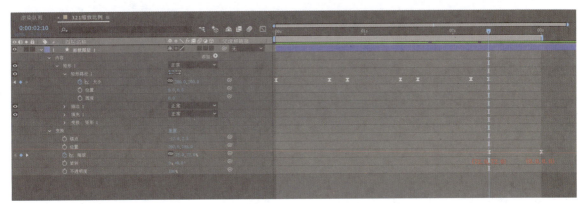

图3-30

03 为所有关键帧添加"缓动"效果,并调节动画曲线,如图3-31所示。静帧效果如图3-32所示。

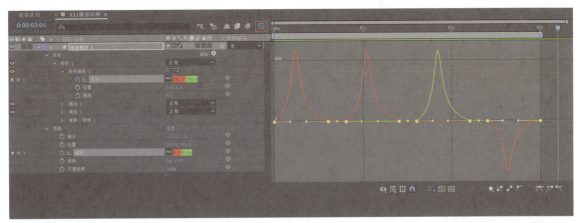

图3-31

图3-32

3.2.2 对称缩放

通过调整形状图层的"缩放"属性或者为"缩放"属性添加表达式可以实现对称缩放的效果。效果如图3-33所示。

图3-33

01 新建一个合成,绘制两个矩形,不要让它们重合(因为重合时是看不出对称效果的),分别调整两个矩形"缩放"属性的值,参考关键帧数值如图3-34所示。

图3-34

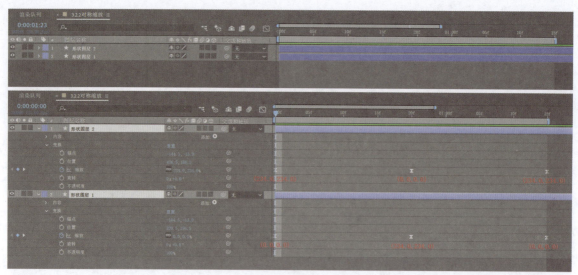

图3-34（续）

> **提示** 若想让两个矩形分别位于两个图层，那么在绘制第2个矩形时，不要选择图层，要先单击空白处，然后进行绘制。如果选择了当前图层，那么将在同一个图层中绘制第2个矩形，这样会不方便后续操作。

02 为所有关键帧添加"缓动"效果，并调节动画曲线，如图3-35所示。静帧效果如图3-36所示。

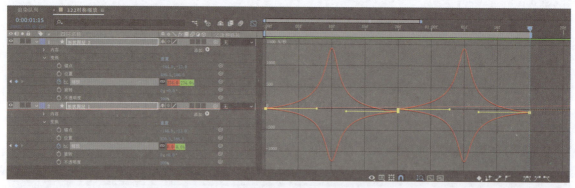

图3-35

图3-36

3.2.3 连续缩放

本例利用"中继器"中的"比例"属性使图形产生连续缩放的效果。效果如图3-37所示。

图3-37

01 新建一个合成，绘制一个矩形框（只保留"描边"属性），按R键调出"旋转"属性，将其设置为45°。添加"中继器"，设置"副本"为5，然后调整"变换：中继器1"中的"比例"属性的关键帧数值，参考关键帧数值如图3-38所示。

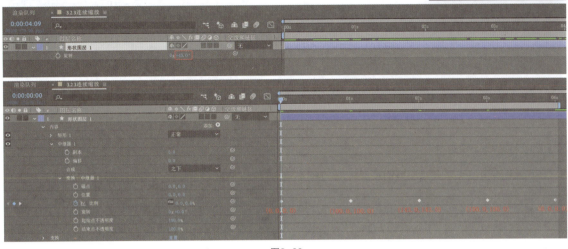

图3-38

02 为所有关键帧添加"缓动"效果，并调节动画曲线，如图3-39所示。静帧效果如图3-40所示。

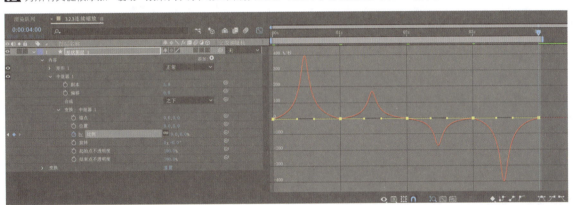

图3-39

图3-40

3.2.4 点的缩放

利用"中继器"可以实现点的缩放，从而制作转场过渡效果，如图3-41所示。

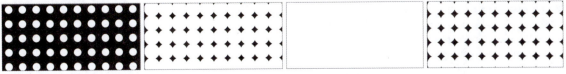

图3-41

01 新建一个合成，绘制一个圆形，为圆形添加"中继器"，设置"中继器1"的"副本"为10。注意圆形和"中继器"在同一层级，而不是附属层级的关系，否则在增加"副本"后画面会变得不一致。再次添加"中继器"，设置"中继器2"的"副本"为5，如图3-42所示。

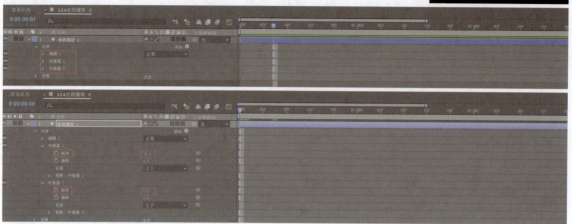

图3-42

> **提示** 绘制的圆形不要过大，因为后续要生成很多圆形，如果绘制得过大，其他圆形会摆放不下，所以圆形的大小适当即可。其他图形也是同理。

02 为"形状图层1"的"椭圆1＞椭圆路径1＞大小"属性添加关键帧，参考关键帧数值如图3-43所示。

图3-43

03 为所有关键帧添加"缓动"效果，并调节动画曲线，如图3-44所示。静帧效果如图3-45所示。

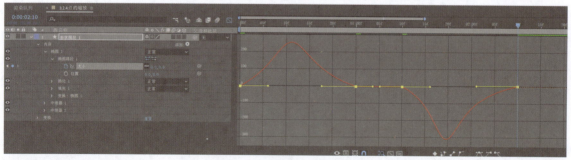

图3-44

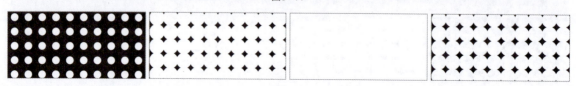

图3-45

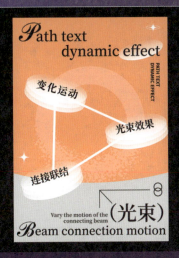

第4章 偏移与旋转动画

利用图层的"偏移"和"旋转"属性可以制作出很多效果，这些效果可以应用在各个商业领域。本章将介绍偏移动画和旋转动画的制作方法。

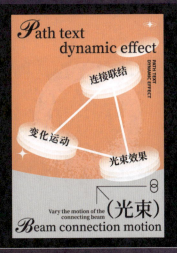

4.1 偏移动画

本节主要介绍对图层的各个属性进行偏移调整，从而实现动画效果的方法，例如循环偏移、平铺、残影等效果。

4.1.1 偏移

要使运动对象沿着形状路径进行旋转偏移，可以通过调节描边的"虚线"属性和修改"偏移"数值来实现，效果如图4-1所示。

图4-1

01 新建一个合成，选择"多边形工具" ，绘制一个五边形（默认为五边形），然后将"点"改为6，把五边形变为六边形，如图4-2所示。

图4-2

> **提示** 使用"多边形工具" 绘制图形时，系统会默认以整个合成的大小为准进行绘制，此时可以根据实际情况适当缩小图形以保证整体画面的美观度。

02 展开"形状图层1"，找到"内容 > 多边星形1 > 描边1"，将"描边1"下的"线段端点"改为"圆头端点"，"线段连接"改为"圆角连接"，这样图形效果会更加柔和、自然，如图4-3所示。

图4-3

03 展开"虚线"属性栏,单击图4-4所示的加号按钮➕,将"虚线"数值改为100。

> **提示** 这里的100并不是固定的数值,可根据想要达到的效果自行调整。数值越小,虚线越短;数值越大,虚线越长。

图4-4

04 为"虚线"下方的"偏移"属性添加表达式"time*360"(表示每秒旋转360°),即可制作出白色线条沿着六边形路径不断旋转的动画,如图4-5所示。静帧效果如图4-6所示。

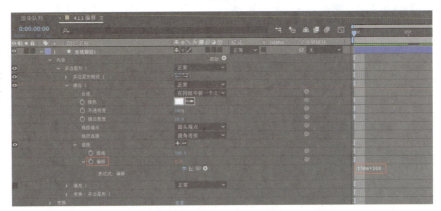

图4-5

图4-6

4.1.2 "偏移"效果

通过对偏移效果进行调节可以制作出循环偏移动画,这里还是以六边形为例,效果如图4-7所示。

图4-7

01 新建一个合成,创建一个六边形(方法和前面创建六边形的方法一致),保留其"填充"属性,取消"描边"属性,如图4-8所示。

图4-8

02 在"效果和预设"面板中找到"扭曲>偏移",将"偏移"效果拖曳到六边形上。可以看到,"效果控件"面板中出现了"偏移"效果的相关属性,如图4-9所示。

图4-9

03 为"偏移"效果中的"将中心转换为"属性设置关键帧数值,参考关键帧数值如图4-10所示。

图4-10

提示 这里的数值不唯一,可根据合成大小及六边形大小自行调节,让六边形重合即可。

04 为所有关键帧添加"缓动"效果,并调节动画曲线,如图4-11所示。静帧效果如图4-12所示。

图4-11

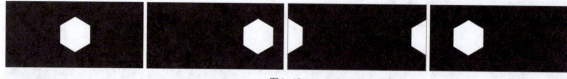

图4-12

4.1.3 "CC Tiler"效果

为纯色图层添加蒙版,为带蒙版的图层添加"CC Tiler"效果,可以实现平铺效果,如图4-13所示。

图4-13

01 新建一个合成,执行"图层>新建>纯色"菜单命令或者按快捷键Ctrl+Y,新建一个白色的纯色图层,如图4-14所示。

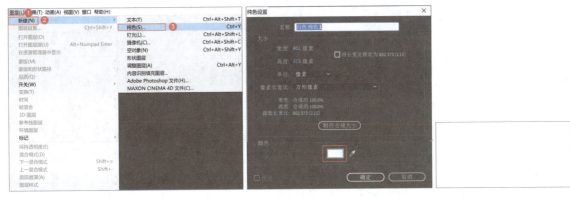

图4-14

02 为纯色图层建立一个矩形蒙版,如图4-15所示。

图4-15

> **提示** 要先选中纯色图层,再绘制矩形,这样才能为纯色图层建立蒙版。如果不选中纯色图层,绘制的将是矩形图形。

03 在"效果和预设"面板中找到"扭曲>CC Tiler",将"CC Tiler"效果拖曳到纯色图层上,可以看到该效果有3个属性,"Scale"为缩放,"Center"为中心点,"Blend w.Original"为与原始图像的混合程度,如图4-16所示。

图4-16

04 为"Scale"属性和"Blend w.Original"属性设置关键帧数值,参考关键帧数值如图4-17所示。

图4-17

> **提示** 使"Scale"数值由大到小变化,可以实现由少到多的平铺效果。合理设置"Blend w.Original"的值可以实现画面的平滑过渡,使第1帧画面和最后一帧画面一致,从而实现动画的"无缝"循环。

05 为所有关键帧添加"缓动"效果,并调节动画曲线,如图4-18所示。静帧效果如图4-19所示。

图4-18

图4-19

4.1.4 "残影"效果

用After Effects自带的功能可以实现残影效果,残影效果主要用于实现视频中的拖尾效果,如图4-20所示。

图4-20

01 新建一个合成,绘制一个圆形。为圆形的"位置"属性添加抖动/摆动表达式"wiggle(2,200)",如图4-21所示。

图4-21

02 在"效果和预设"面板中找到"时间 > 残影",将其添加到形状图层上。调整"残影时间(秒)""起始强度""衰减"等的值,并为"残影数量"添加关键帧,通过改变残影的数量来调节其运动效果,参考关键帧数值如图4-22所示。

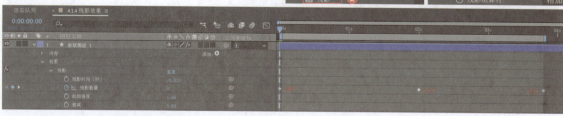

图4-22

03 单击"运动模糊"按钮,让画面呈现出模糊效果,如图4-23所示。

图4-23

04 为所有关键帧添加"缓动"效果,并调节动画曲线,如图4-24所示。静帧效果如图4-25所示。

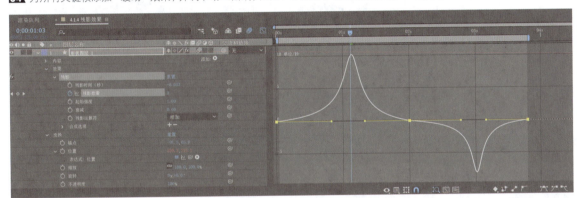

图4-24

图4-25

4.1.5 图形修剪

通过添加"修剪路径"并调节其数值,可以实现图形修剪效果,如图4-26所示。

图4-26

01 新建一个合成,绘制一个圆形,取消其"填充"属性,将"描边"设置为17,效果如图4-27所示。

图4-27

02 单击"添加"按钮，添加"修剪路径"，调整"结束"属性的关键帧。在一个新图层上再绘制一个圆形，使其与之前的图形大小相同，添加"修剪路径"，为"开始"属性设置关键帧，参考关键帧数值如图4-28所示。

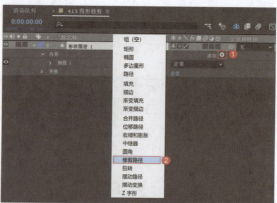

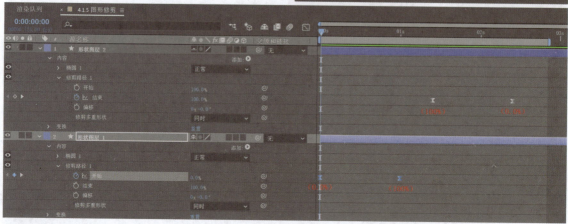

图4-28

> 提示 如果修剪的方向不对，可以调整路径的方向，从而改变修剪的方向。"形状图层1"与"形状图层2"中间有10帧的间距，表示停留一段时间后继续运动。

03 为所有关键帧添加"缓动"效果，可以适当调节动画曲线，如图4-29所示。静帧效果如图4-30所示。

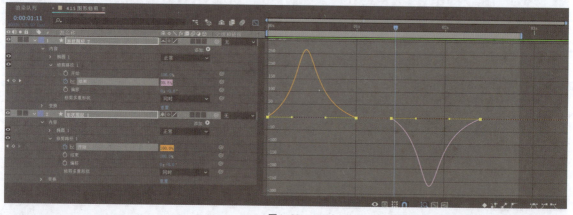

图4-29

图4-30

4.2 旋转动画

本节将介绍通过调整图层的"旋转"属性的值实现不同的动画效果的方法，例如图形旋转、连续旋转、三维旋转、旋转回弹等效果。

4.2.1 沿轨道旋转

改变锚点位置可以使物体与锚点产生距离，然后为"旋转"属性添加关键帧或表达式，从而制作出物体沿轨道旋转的效果，如图4-31所示。

图4-31

01 新建一个合成，绘制一个圆形，取消其"填充"属性，保留"描边"属性，"描边"可以设置为2，将该图层命名为"圆轨道"。然后绘制一个小圆形，保留其"填充"属性，取消"描边"属性，将对应图层命名为"小圆"。让"小圆"与"圆轨道"中心点一致，修改"小圆"的"锚点"位置，使"小圆"的圆心在"圆轨道"上边缘的中心点上，如图4-32所示。

图4-32

> **提示** 为保证中心点一致，此处不要移动"小圆"，而是修改其锚点，因为旋转是以"锚点"为中心进行的。

02 为"小圆"图层的"旋转"属性添加表达式"time*180"（每秒旋转180°），这样"小圆"2秒会旋转360°（一圈），从而呈现出沿轨道旋转的效果，参数设置如图4-33所示。静帧效果如图4-34所示。

图4-33

图4-34

> **提示** 可以通过调整时间的长短来控制小圆的旋转速度。

4.2.2 "勾画"效果

为纯色图层添加蒙版和"勾画"效果,可以实现路径跑光效果,如图4-35所示。

图4-35

01 新建一个合成,并创建一个白色纯色图层。选中纯色图层,然后绘制一个正方形,即为纯色图层添加蒙版。在"效果和预设"面板中找到"生成>勾画",将"勾画"效果拖曳到纯色图层上,把"勾画"效果的"描边"属性修改为"蒙版/路径";设置"路径"属性为绘制的矩形,即"蒙版1";将"片段"属性的值修改为4,将"混合模式"设置为"透明",如图4-36所示。

图4-36

提示 需要几条线就将"片段"属性的值修改为几。

02 "片段""宽度""硬度"属性的值可根据需要自行调节。为"勾画"效果的"旋转"属性设置关键帧,参考关键帧数值如图4-37所示。

图4-37

03 为所有关键帧添加"缓动"效果,并调节动画曲线,如图4-38所示。静帧效果如图4-39所示。

图4-38

图4-39

4.2.3 "极坐标"效果

为图形添加"极坐标"效果,并设置其"插值"属性,可以制作出图4-40所示的效果。

图4-40

01 新建一个合成,绘制一个矩形,将矩形"位置"属性的横坐标值设为0,然后复制出5个矩形,再将最后一个矩形"位置"属性的横坐标值设为803,如图4-41所示。

图4-41

> 提示 这里的803不是固定数值,读者根据合成大小进行设置即可。这一步的目的是将两个矩形分别设置在最左侧和最右侧,以便后续的对齐操作。

02 选择6个矩形,在"对齐"面板中单击"水平均匀分布"按钮 ,使多个图层水平均匀分布,如图4-42所示。

图4-42

03 选中所有矩形,执行"图层>预合成"菜单命令或者按快捷键Ctrl+Shift+C,添加"预合成1",如图4-43所示。

图4-43

04 在"效果和预设"面板中找到"扭曲>极坐标",将"极坐标"效果拖曳到预合成上,把"极坐标"效果的"转换类型"属性改为"矩形到极线"。为"极坐标"效果的"插值"属性添加关键帧,参考关键帧数值如图4-44所示,为保证整体过渡自然,可在中间添加相同的关键帧,从而让此状态产生停顿。

图4-44

05 为所有关键帧添加"缓动"效果，并调节动画曲线，如图4-45所示。静帧效果如图4-46所示。

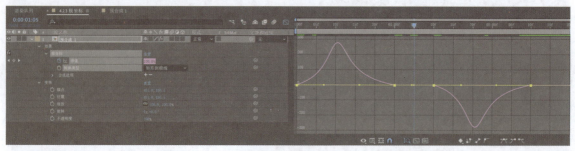

图4-45

图4-46

4.2.4 图形旋转

通过设置不同的旋转方式，可以制作出不同的旋转动画，效果如图4-47所示。

图4-47

01 新建一个合成，并绘制一个正方形，保留其"描边"属性，取消"填充"属性（这里以一个镂空正方形为例，读者也可以绘制其他图形）。设置好旋转中心点，然后调出"旋转"属性（快捷键为R键），设置"旋转"属性的关键帧数值，参考关键帧数值如图4-48所示。

图4-48

02 为所有关键帧添加"缓动"效果，并调节动画曲线，如图4-49所示。静帧效果如图4-50所示。

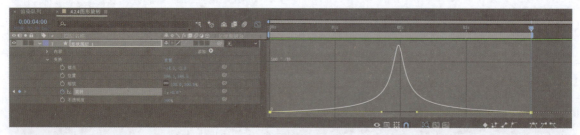

图4-49

图4-50

4.2.5 对称旋转

利用表达式可以实现对称旋转,效果如图4-51所示。

图4-51

01 新建一个合成,绘制两个矩形,这里以两个正方形为例,为"形状图层1"的"旋转"属性设置关键帧,参考关键帧数值如图4-52所示。

图4-52

02 按住"形状图层2"的"旋转"属性的"属性关联器"按钮,将其向"形状图层1"的"旋转"属性拖曳,可以看到"形状图层2"的"旋转"属性上添加了表达式"thisComp.layer("形状图层1").transform.rotation",此时两个图层的关键帧关联起来了,如图4-53所示。

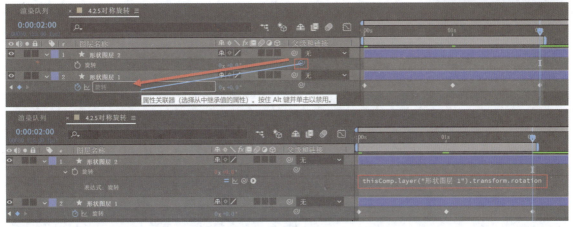

图4-53

03 为所有关键帧添加"缓动"效果,并调节动画曲线,如图4-54所示。静帧效果如图4-55所示。

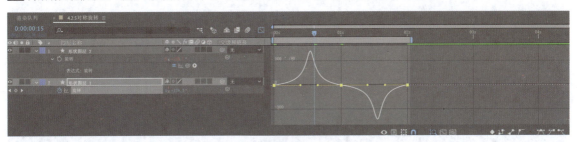

图4-54

图4-55

4.2.6 连续旋转

为图形添加"中继器"可以实现图形的连续旋转,如图4-56所示。

图4-56

01 新建一个合成,绘制一个矩形框。添加"中继器",设置"副本"为4,并为"旋转"属性添加关键帧(这里的"旋转"属性是指"变换:中继器1"下的"旋转"属性,不是图层自身的"旋转"属性),参考关键帧数值如图4-57所示。

图4-57

02 为所有关键帧添加"缓动"效果,并调节动画曲线,如图4-58所示。静帧效果如图4-59所示。

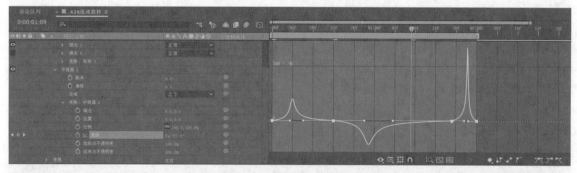

图4-58

图4-59

4.2.7 三维旋转

单击"3D图层"按钮可以在更多维度上设置旋转角度，从而制作出三维旋转效果，如图4-60所示。

图4-60

01 新建一个合成，绘制一个圆形，将"描边"设置为1，复制多个圆形（这里将用到4个圆形），单击"3D图层"按钮，分别设置各图层的旋转角度。参考关键帧数值如图4-61所示。

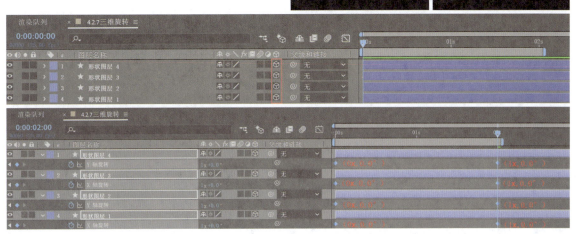

图4-61

> **提示** 单击"3D图层"按钮后，可以任意设置对象在x、y、z 3个轴向上的旋转角度，使图形呈现出不同的伪3D效果。

02 为所有关键帧添加"缓动"效果，并调节动画曲线，如图4-62所示。静帧效果如图4-63所示。

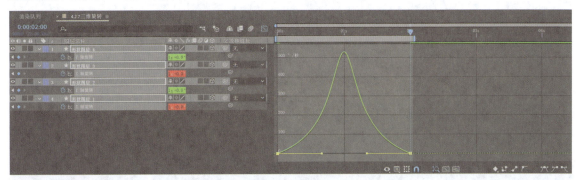

图4-62

图4-63

4.2.8 旋转回弹

利用抖动/摆动表达式可以实现旋转回弹效果，如图4-64所示。

图4-64

01 新建一个合成，绘制一个圆形，设置其"填充"属性为无，"描边"为16。为圆形添加"修剪路径"，设置"结束"属性的值为88%（这里是为了更方便展示效果，读者根据实际情况设置即可），如图4-65所示。

图4-65

02 为"旋转"属性添加表达式"wiggle(1,360)"，使圆形旋转回弹，参数设置如图4-66所示。静帧效果如图4-67所示。

图4-66

图4-67

> **提示** "wiggle(1,360)"表示每秒随机摆动的次数为1，随机摆动的幅度为360°，刚好是一圈。

第 5 章 变形动画

本章主要介绍制作变形动画的方法,从而实现画面的自然过渡。

5.1 几何变形动画

本节主要介绍对几何图形进行变形处理的方法，以实现不同的动画效果。

5.1.1 边缘宽度动效

通过设置图形的"描边宽度"的值，可以改变图形或路径的描边宽度，从而实现边缘渐变效果，如图5-1所示。

图5-1

01 新建一个合成，绘制一个圆形，取消其"填充"属性，设置"描边"为20，然后在"形状图层1"的属性中找到"内容 > 椭圆1>描边1 > 描边宽度"，为"描边宽度"添加关键帧，参考关键帧数值如图5-2所示。

图5-2

> **提示** 修改"描边宽度"的值可以调整描边的粗细，数值0表示画面为空，可以用于制作一些转场动画。

02 为所有关键帧添加"缓动"效果，并调节动画曲线，如图5-3所示。静帧效果如图5-4所示。

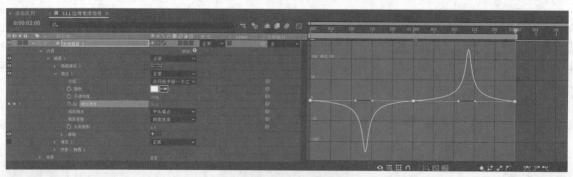

图5-3

图5-4

5.1.2 几何变形

通过调整图形的"内径""外径"并设置关键帧,可以实现几何变形效果,如图5-5所示。

图5-5

01 新建一个合成,绘制一个星形,然后在"内容＞多边星形1＞多边星形路径1"中把"点"属性的值改为3,将"内径"和"外径"均改为100,此时图形由星形变成了六边形,如图5-6所示。

图5-6

> **提示** 当设置不同的"内径"和"外径"值时,图形会发生不同的变化,可以利用此方法来实现几何变形效果。

02 为"内径"和"外径"添加关键帧,并设置不同的参数,使画面产生不同形状的变化,参考关键帧数值如图5-7所示。

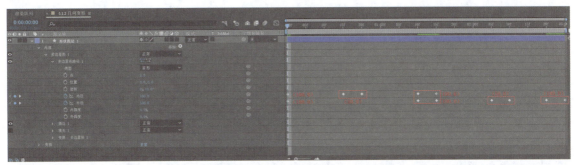

图5-7

> **提示** 为防止图形变化过快,可在每次变化的中间让图形停顿5帧。

03 为所有关键帧添加"缓动"效果,并调节动画曲线,如图5-8所示。静帧效果如图5-9所示。

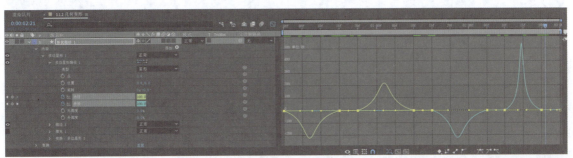

图5-8

图5-9

5.1.3 几何连续变形

在几何变形的基础上可以进行多图形的变换，效果如图5-10所示。

图5-10

01 新建一个合成，绘制一个六边形（方法同"5.1.2 几何变形"一样，并保留关键帧），将其"描边"属性取消，保留"填充"属性。复制出4个图形（分别在不同的图层），将它们全部选择后按U键，显示出带有关键帧的"内径"和"外径"属性，如图5-11所示。

图5-11

> **提示** 选择要复制的图层，然后按快捷键Ctrl+D即可复制该图层。

02 将第1个图形的"不透明度"改为100%，其他图形的"不透明度"改为30%（选中图层后按T键可以调出"不透明度"属性）。这里只调节"内径"的关键帧位置和数值即可（先将除前两个关键帧之外的关键帧向后移动，再调整前两个关键帧，即调整图形出现的时间），可以删除"外径"的关键帧，参考关键帧数值如图5-12所示。

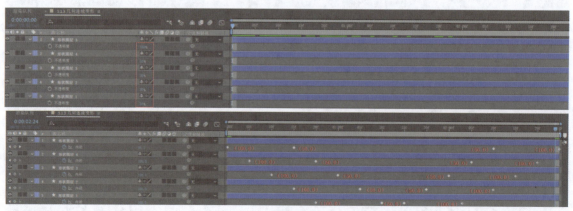

图5-12

> **提示** 每个图形相隔5帧（从"形状图层5"到"形状图层1"），然后将第2组变化的关键帧移动到第1组变化结束之后即可。

第5章 变形动画

03 为所有关键帧添加"缓动"效果，并调节动画曲线，如图5-13所示。静帧效果如图5-14所示。

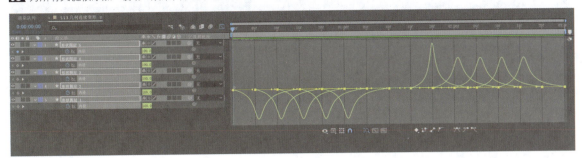

图5-13

图5-14

5.2 自由变形动画

本节将介绍如何对几何图形进行自由变形，以便实现更丰富的动画效果。

5.2.1 长阴影动效

为预合成添加"CC Scale Wipe"效果，并结合遮罩可以实现长阴影动效，效果如图5-15所示。

图5-15

01 新建一个合成，绘制一个六边形，并为其"内径"和"外径"属性添加关键帧（方法同"5.1.2 几何变形"一样，保留关键帧），如图5-16所示。

图5-16

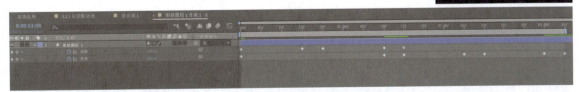

02 为形状图层添加预合成，并复制此预合成，然后在"效果和预设"面板中找到"过渡＞CC Scale Wipe"，将"CC Scale Wipe"效果拖曳到下方的预合成上。"Stretch"表示拉伸（最长为100，数值为负时向反方向进行拉伸），"Center"表示中心，"Direction"表示方向。将"Stretch"设置为100，"Direction"设置为120°，如图5-17所示。

图5-17

> **提示** 因为六边形的边界有局限性,所以创建合成后边界就变成了合成的边界,这样就解决了六边形边界局限性的问题。

03 为两个预合成再次创建预合成,并命名为"预合成1",将最开始创建的预合成复制过来(没有添加"CC Scale Wipe"效果的),然后为它们建立轨道遮罩,选择"Alpha反转遮罩'[形状图层1合成1]'";将形状图层的"缩放"属性的值改为80%(默认值为100%,这时该图形和下方图形重合,不方便看到变化,因此可以适当将图形缩小),如图5-18所示。

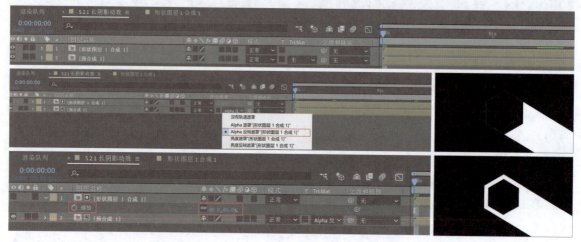

图5-18

04 此时预览动画,会发现在变形过程中描边效果有所变化。为"缩放"属性添加关键帧,参考关键帧数值如图5-19所示。

图5-19

> **提示** 因为在变形的过程中有的几何图形在长阴影的内部,有的在长阴影的外部,所以针对不同情况,要设置不同的"缩放"数值,以使图形与长阴影匹配。

05 为所有关键帧添加"缓动"效果,并调节动画曲线,如图5-20所示。静帧效果如图5-21所示。

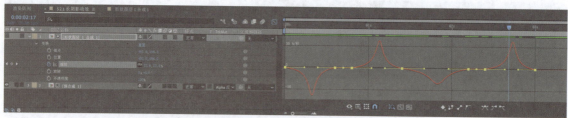

图5-20

图5-21

5.2.2 任意改变形状

为纯色图层添加多个蒙版,并结合"改变形状"效果,可以实现效果的重塑,如图5-22所示。

图5-22

01 用Illustrator绘制4个图形,分别是四角星形、正方形、圆形和七角星形(也可绘制其他形状)。打开After Effects并新建合成,然后新建一个白色纯色图层,在Illustrator中选择正方形并按快捷键Ctrl+C进行复制,在After Effects中选择纯色图层,按快捷键Ctrl+V进行粘贴(其余3个图形也用同样的方法复制过来,注意要选中纯色图层后粘贴,否则将不是以蒙版的形式粘贴,也就无法进行后面的操作)。这样在纯色图层上将产生4个蒙版,如图5-23所示。

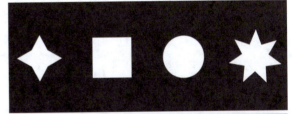

图5-23

02 将"蒙版1"的"混合模式"改为"相加",其他3个蒙版的"混合模式"改为"无"。在"效果和预设"面板中找到"扭曲>改变形状",将"改变形状"效果拖曳到纯色图层上。设置"源蒙版"(想优先显示的蒙版)为"蒙版1","目标蒙版"(想改成哪个蒙版)为"蒙版2"。以此类推复制出4个"改变形状"效果,分别设置"源蒙版"和"目标蒙版"。继续设置"弹性"为"超级流体";为"百分比"属性添加关键帧,参考关键帧数值如图5-24所示。

图5-24

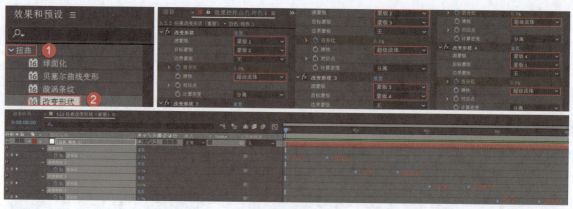

图5-24（续）

> 提示　0~100%就是"源蒙版"到"目标蒙版"的过渡。

03 为所有关键帧添加"缓动"效果，并调节动画曲线，如图5-25所示。静帧效果如图5-26所示。

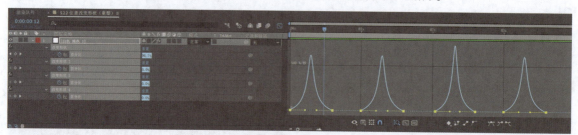

图5-25

图5-26

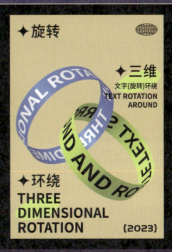

第 6 章 时间节奏动画

本章将介绍如何通过时间和节奏制作动画效果,这类动画效果多用于制作转场效果或者有节奏感的动画等。

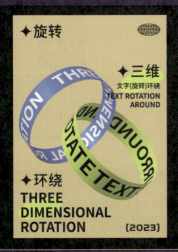
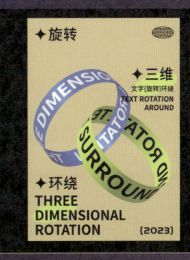

6.1 时间动画

本节将介绍制作缓动转场动画和有节奏感的动画的方法。

6.1.1 缓动转场

通过添加"缓动"效果及调整动画曲线可制作出图6-1所示的效果。

图6-1

01 新建一个合成，绘制一个圆形，然后为圆形的"位置"属性添加关键帧，使其从左到右移动。因为现实世界中是不存在匀速运动的，所以要为关键帧添加"缓动"效果，并且调节图表编辑器中的曲线，使圆形由快到慢地从左往右运动，直到停下，如图6-2所示。

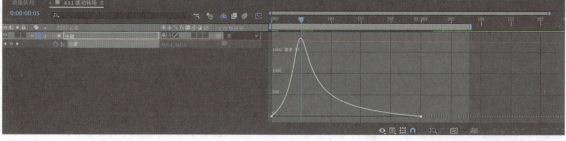

图6-2

02 用"钢笔工具"绘制一条与运动路径相符的线段，可加入一条穿过圆形的虚线，让对比更明显。让虚线成为小圆的子级，并跟随小圆运动，如图6-3所示。静帧效果如图6-4所示。

图6-3

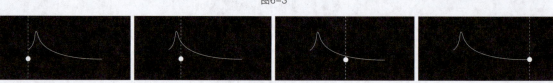

图6-4

6.1.2 调整节奏感

调整"缓动"效果的速度曲线,可以让动画更有节奏感,效果如图6-5所示。

图6-5

01 新建一个合成,绘制一个多边形(取消"填充",保留"描边"),在"内容 > 多边星形1 > 多边星形路径1"中设置"点"的值为4,如图6-6所示。

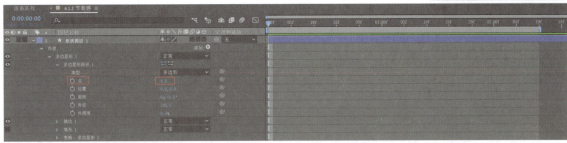

图6-6

02 为"外圆度"添加关键帧,参考关键帧数值如图6-7所示。

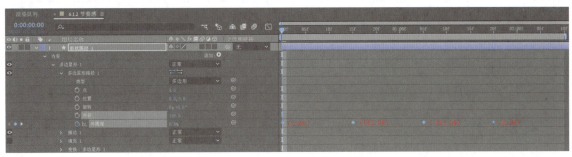

图6-7

> 提示 这里通过改变"外圆度"的数值来改变图形的形状。

03 为所有关键帧添加"缓动"效果,并调节动画曲线,形成先快后慢的运动轨迹,如图6-8所示。

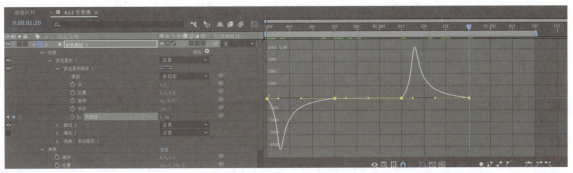

图6-8

04 接下来为图层的"旋转"属性添加关键帧，参考关键帧数值如图6-9所示。为所有"旋转"关键帧添加"缓动"效果，调整图表编辑器中的速度曲线，如图6-10所示。静帧效果如图6-11所示。

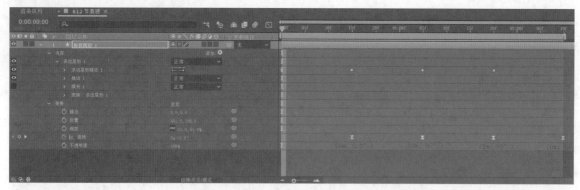

图6-9

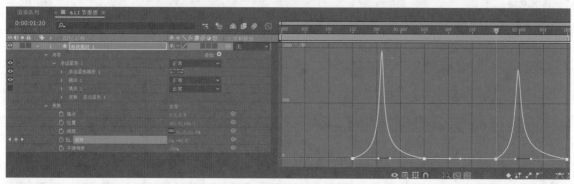

图6-10

图6-11

6.2 钟表和无线电波效果

钟表和无线电波效果属于节奏的体现，多用于制作一些效果的辅助内容。本节将介绍这两种效果的制作方法。

6.2.1 钟表效果

用"Math."表达式可以制作钟表效果，如图6-12所示。

图6-12

01 新建一个合成，绘制一个椭圆（取消"填充"，保留"描边"），将其作为钟表的外框。绘制一个矩形，为其添加"中继器"，设置"副本"为36，"位置"为0，然后调整"旋转"为10°，将其作为钟表的刻度，如图6-13所示。

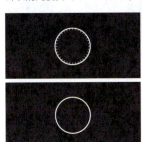
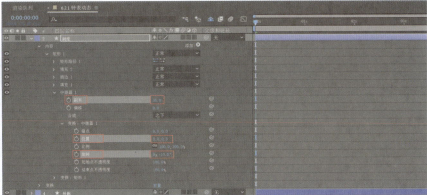

图6-13

> **提示** 因为一圈是360°（360/36=10），所以调整"旋转"为10°。

02 绘制一个圆形作为表盘的中心，绘制一个矩形作为指针，让指针的一端与圆的中心点重合。为指针的"旋转"属性添加表达式"Math.floor(time*5)*10"，表示每秒旋转5次，每次旋转10°，然后钟表就会按阶梯变化进行运动，如图6-14所示。静帧效果如图6-15所示。

图6-14

图6-15

> **提示** Math.floor(time*x)*y：x表示每秒旋转的次数，y表示每次旋转的角度。

6.2.2 无线电波效果

用内置的"无线电波"效果和"时间置换"效果可以实现无线电波效果，如图6-16所示。

图6-16

01 新建一个合成,并新建白色纯色图层,然后在"效果和预设"面板中找到"生成>无线电波",并将其添加到纯色图层上。把"无线电波"效果的"多边形"的"边"调为6,"波动"的"方向"调为30°,"开始宽度"和"末端宽度"调为10,"颜色"改为白色,如图6-17所示。

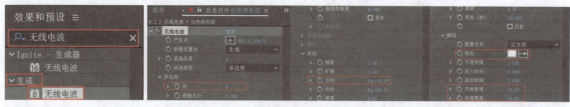

图6-17

02 再次新建纯色图层并设置图层样式为"渐变叠加",将"样式"设置为"角度",然后为渐变图层添加预合成,如图6-18所示。

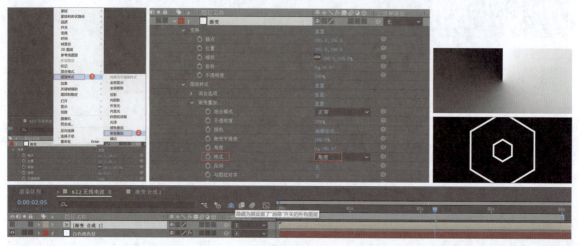

图6-18

03 新建调整图层,为调整图层添加"时间置换"效果,如图6-19所示。

提示 把效果添加在调整图层上,其下方的图层都会有调整图层中的效果。

图6-19

04 将"时间置换图层"属性改为"渐变","最大移位时间[秒]"改为0.5,"时间分辨率[fps]"改为4(将画面分为4部分),如图6-20所示。

05 为"白色纯色层"的"频率"属性添加关键帧,参考关键帧数值如图6-21所示。静帧效果如图6-22所示。

图6-20   图6-21

图6-22

第 7 章 特殊效果

After Effects中内置了很多特殊效果，利用内置的特殊效果可以制作出复杂多变的特效。本章主要介绍7个类别的效果。

7.1 修剪路径

本节主要介绍利用"修剪路径"制作动画的方法,一般通过设置"修剪路径"中的"开始"属性和"结束"属性的关键帧来实现。

7.1.1 线条动态循环效果

利用"修剪路径"可以实现线条的动态循环效果,如图7-1所示。

图7-1

01 新建一个合成,用"钢笔工具"  绘制一条线段(取消"填充",设置"描边"为33)。单击"添加"按钮 ,添加"修剪路径",为"开始"和"结束"属性添加关键帧,并调节关键帧的位置。绘制的线段和参考关键帧数值如图7-2所示。

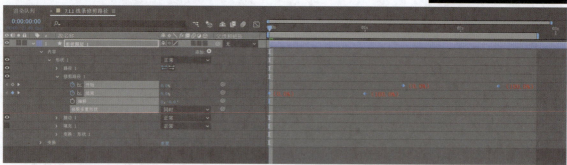

图7-2

02 为所有关键帧添加"缓动"效果,并调节动画曲线,如图7-3所示。静帧效果如图7-4所示。

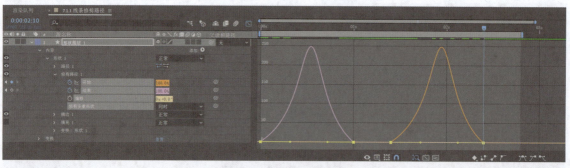

图7-3

图7-4

7.1.2 连续伸缩

为多个图形添加"修剪路径",并调整其关键帧位置可实现图7-5所示的效果。

图7-5

01 新建合成,绘制一个圆形(取消"填充",保留"描边"),然后单击"添加"按钮,添加"修剪路径";复制出5个图层,为不同的图层设置不同的"不透明度"值,效果和参数设置如图7-6所示。

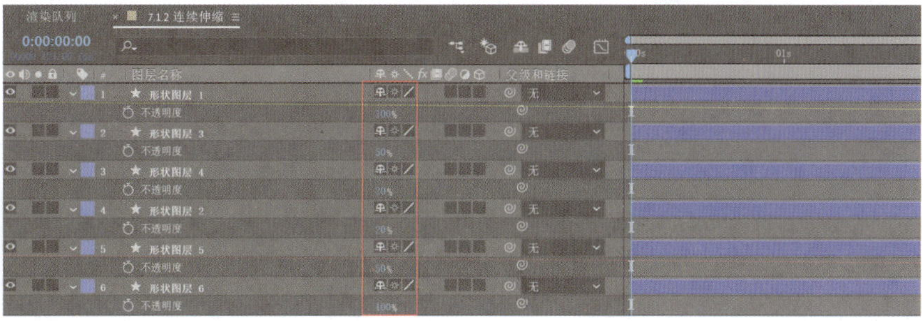

图7-6

02 分别调整各图层的"开始"和"结束"关键帧的位置,让它们错开显示(间隔可自行调整),参考效果如图7-7所示。

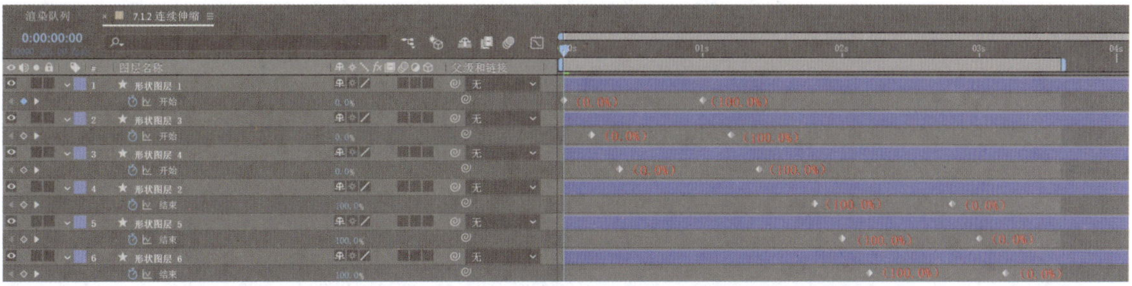

图7-7

03 为所有关键帧添加"缓动"效果,并调节动画曲线,如图7-8所示。静帧效果如图7-9所示。

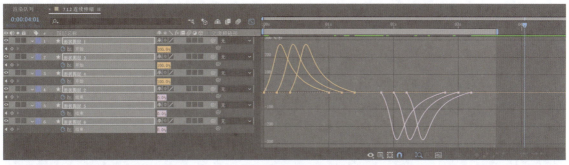

图7-8

图7-9

7.1.3 笔画类动效

用"修剪路径"和valueAtTime表达式可以制作笔画类动效，如图7-10所示。

图7-10

01 新建合成，绘制一个六边形，这里需要提前勾选"贝塞尔曲线路径"，以确保新创建的形状是贝塞尔曲线路径。单击"添加"按钮 ◎，为六边形添加"修剪路径"。在"效果和预设"面板中找到"表达式控制>滑块控制"，并将其添加到六边形上，如图7-11所示。

图7-11

02 按住"修剪路径1"中"结束"的"属性关联器"按钮 ◎，将其向"滑块"属性拖曳，为"结束"属性添加表达式"effect("滑块控制")("滑块")"，如图7-12所示。

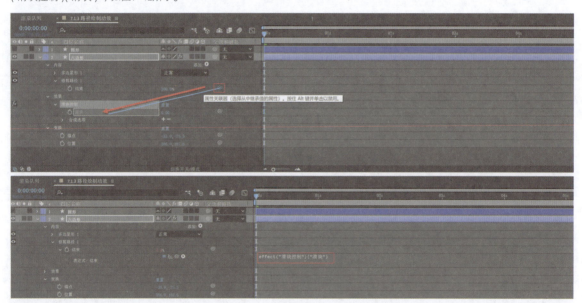

图7-12

03 为"滑块"属性添加关键帧，参考关键帧数值如图7-13所示。

图7-13

04 绘制一个圆形，复制六边形路径，并将其粘贴到圆形的"位置"属性上，如图7-14所示。注意，要在时间指示器位于0秒时进行粘贴。

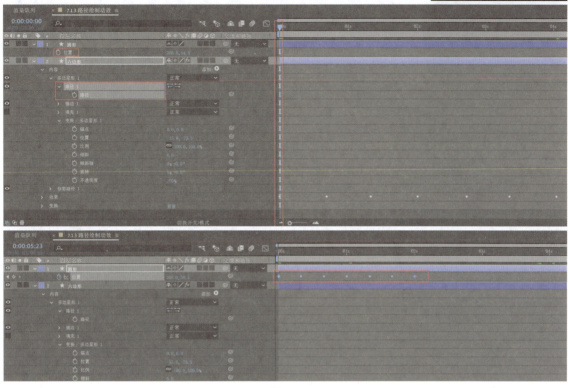

图7-14

> **提示** 如果操作出现偏差，要手动调节，因为路径是按第1次绘制的图形产生的，如果中途有移动，都会产生一定的偏差。

05 为圆形的"位置"属性添加表达式，单击"添加"按钮，选择"Property > valueAtTime(t)"，将"表达式关联器"按钮拖曳到"滑块"上，因为滑块动了100步，圆形的运动时间是2秒，所以表达式后面需要除以100并乘以2；为圆形每次滑过的端点都添加一个关键帧，并为关键帧添加"缓动"效果，如图7-15所示。

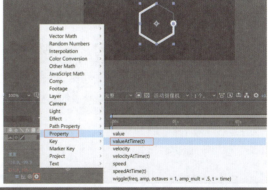

图7-15

06 为所有关键帧添加"缓动"效果,并调节动画曲线,如图7-16所示。静帧效果如图7-17所示。

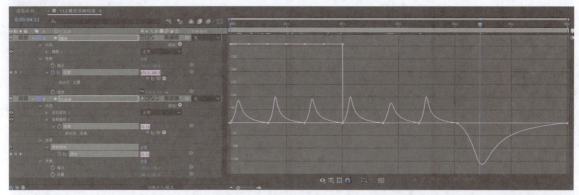

图7-16

  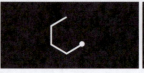 

图7-17

7.2 生成效果

利用"效果和预设"面板中的"生成"效果组可以制作出独特的效果,例如波形波动效果、光束效果、涂写效果等。

7.2.1 音频频谱

利用"音频频谱"效果结合音频素材可以让波形随音乐节奏动起来,效果如图7-18所示。

图7-18

01 新建合成,新建纯色图层。在"效果和预设"面板中找到"生成 > 音频频谱",将其拖曳到纯色图层上;导入音频素材,把"音频层"中的"源"改为导入的音频素材,并对"起始频率"和"结束频率"进行调节,如图7-19所示,得到合适的图形。

> **提示** "音频频谱"效果中的"起始频率"表示音乐开始的频率,"结束频率"表示音乐结束的频率,"频段"表示频率段数。通过设置"频段"的值可以增加或者减少声波线条的数量,"最大高度"用来限制波形的高度,"厚度"用来更改描边的粗细,"柔和度"类似于羽化效果。这里可以先将"显示选项"改为"模拟频点"。

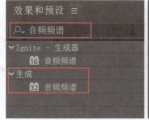 

图7-19

02 选择纯色图层，绘制一个椭圆，为纯色图层添加蒙版，将"蒙版模式"改为"无"，将"音频频谱"的"路径"改为"蒙版1"，然后复制纯色图层，并放大蒙版路径，修改相关参数。继续重复上述操作，根据不同的音乐节奏，出现的效果也是不同的（设置内、中、外3种不同的参数，从而实现不同的动画效果）。图7-20所示分别对应内、中、外3个图层，以及它们各自的参数设置。静帧效果如图7-21所示。

> **提示** 这里的数值不是固定的，可以根据实际情况自行调节，一般调节"最大高度"的数值即可。

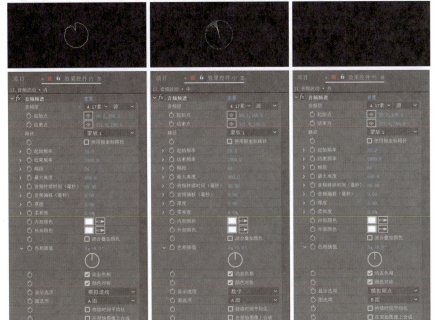

图7-20

图7-21

7.2.2 无线电波

本小节介绍制作无线电波效果的方法，效果如图7-22所示。

  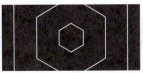 

图7-22

01 新建合成，新建纯色图层，在"效果和预设"面板中找到"生成>无线电波"，为纯色图层添加此效果，如图7-23所示。

02 将"多边形"的"边"改为6，然后调整"无线电波"效果的"方向"属性的值，参考数值如图7-24所示。静帧效果如图7-25所示。

图7-23　　　　　　图7-24

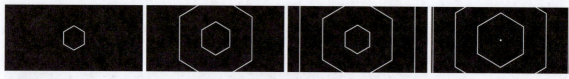

图7-25

> 提示 "无线电波"效果各属性的数值不是固定的,根据自己想要的效果调节即可。

7.2.3 光束

结合"光束"效果与表达式可以制作出图7-26所示的效果。

图7-26

01 新建合成,绘制一个圆形,并复制出3个图形,改变它们的大小和位置;新建纯色图层,在"效果和预设"面板中找到"生成>光束",将其拖曳到纯色图层上,将"柔和度"改为0,"内部颜色"和"外部颜色"均改为白色,其他属性的参考数值如图7-27所示。

  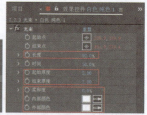

图7-27

02 选择两个圆形,调出"位置"属性,为光束的"起始点"和"结束点"添加表达式(关联到两个圆形的"位置"属性上即可弹出表达式),如图7-28所示。

> 提示 如果此时光束并没有把两个圆连接上,可调整光束的长度。

图7-28

第7章 特殊效果

03 复制纯色图层，选择其他两个圆形重复上述操作，直到所有圆形皆两两相连（共6根线），然后为所有圆形的"位置"属性添加关键帧，如图7-29所示。关键帧数值可随意调节。

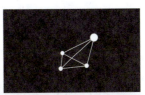

图7-29

提示 "光束"效果中的"起始厚度"和"结束厚度"表示光束的粗细程度，"内部颜色"和"外部颜色"表示光束的颜色。

04 为所有关键帧添加"缓动"效果，并调节动画曲线，如图7-30所示。静帧效果如图7-31所示。

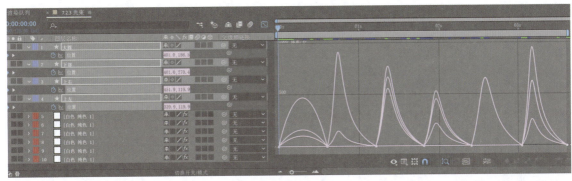

图7-30

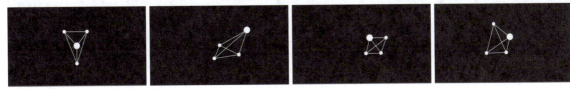

图7-31

7.2.4 涂写

利用"效果和预设"面板中的"涂写"效果可以实现涂写动效，如图7-32所示。

图7-32

01 新建一个合成，绘制一个正方形，并为其添加蒙版。在"效果和预设"面板中找到"生成>涂写"，为正方形添加此效果；调节"涂写"效果各属性的值，并为"起始"和"结束"属性添加关键帧，如图7-33所示。

图7-33

> **提示** "涂写"效果中的"曲度"表示描边的弯曲程度，"曲度变化"表示弯曲程度的变化，"间距"表示描边与描边之间的距离，"间距变化"表示间距的变化，"路径重叠"表示路径重叠的数值，"路径重叠变化"表示路径重叠部分的变化。"摆动类型"分为3种："静态"，即不摆动；"跳跃性"，表示摆动幅度较大；"平滑"，表示平滑摆动。

02 为所有关键帧添加"缓动"效果，并调节动画曲线，如图7-34所示。静帧效果如图7-35所示。

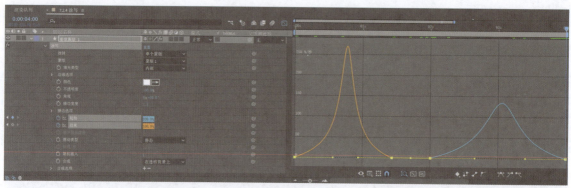

图7-34

图7-35

7.2.5 网格

利用"生成"效果组中的"网格"效果可以做出网格动效，如图7-36所示。

图7-36

01 新建合成，再新建白色纯色图层，在"效果和预设"面板中找到"生成>网格"，并将其拖曳到纯色图层上；将"大小依据"改为"宽度滑块"，然后为"宽度"属性添加关键帧，如图7-37所示。

图7-37

02 为所有关键帧添加"缓动"效果，并调节动画曲线，如图7-38所示。静帧效果如图7-39所示。

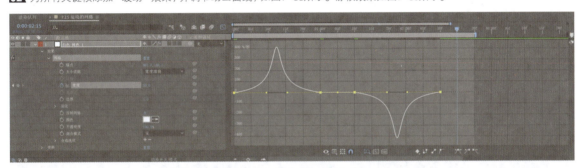

图7-38

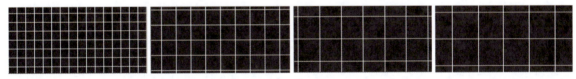

图7-39

7.2.6 反转遮罩

利用反转遮罩可以实现遮罩擦除的效果，如图7-40所示。

图7-40

01 新建合成，绘制一个圆形，为其"缩放"属性添加关键帧，如图7-41所示。

> **提示** 如果绘制的圆形很小，可以直接将"缩放"设置为100%。如果圆形比较大的话，可以自定义"缩放"值。

图7-41

02 复制此图形,为复制的图形的"缩放"属性添加关键帧,将时间指示器向后移动20帧,在"形状图层1"上将轨道遮罩设为"Alpha反转遮罩'形状图层2'";适当调节两个图层的"缩放"数值(因为最后是一个消失动画,所以"形状图层2"的"缩放"数值要比"形状图层1"的大一些),如图7-42所示。

图7-42

03 为所有关键帧添加"缓动"效果,并调节动画曲线,如图7-43所示。静帧效果如图7-44所示。

图7-43

图7-44

7.3 模拟效果

利用"效果和预设"面板"模拟"效果组中的效果可以模拟粒子的发散、卡片的运动等效果。

7.3.1 CC Particle World

本小节将演示如何使用"效果和预设"面板中的"模拟"效果组下的"CC Particle World"效果,案例制作完成的效果如图7-45所示。

图7-45

01 新建合成，再新建白色纯色图层，在"效果和预设"面板中找到"模拟>CC Particle World"，并将其拖曳到纯色图层上，如图7-46所示。

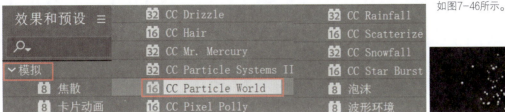

图7-46

02 为半径y轴、发射速度、额外角度添加关键帧，参考关键帧数值如图7-47所示。因为"CC Particle World"效果的各项属性是英文的，所以这里进行了中文标注，如图7-48所示。"CC Particle World"效果的属性众多，因此可模拟的效果也很多，读者可以尝试设置不同的参数来实现不同的动态效果。静帧效果如图7-49所示。

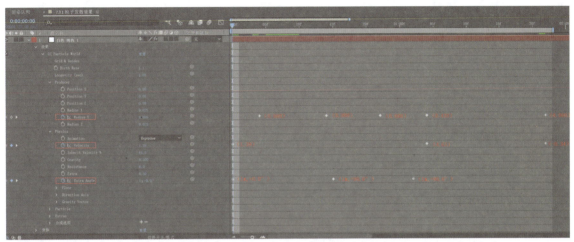

图7-47

图7-48

图7-49

7.3.2 卡片动画

利用"卡片动画"效果可以实现图7-50所示的动效。

图7-50

01 新建合成,创建一个矩形,在"效果和预设"面板中选择"模拟>卡片动画",将其添加到形状图层上,如图7-51所示。

02 "行数"和"列数"的值是根据合成大小确定的,矩形应比合成小,所以行、列的值应根据实际情况进行调节,调整"灯光"的相关参数,如图7-52所示。

图7-51

图7-52

03 为z轴"偏移"和y轴"偏移"添加关键帧,参考关键帧数值如图7-53所示。复制矩形,删除所有关键帧,在"形状图层1"的最后一个关键帧的对应位置为"形状图层2"的x轴"偏移"添加关键帧,可以在中间第2次变化时添加5帧的停顿。

图7-53

提示 先复制形状图层,再调节关键帧可以使画面回到最初的状态(之前是y轴和z轴的旋转,后续是z轴的旋转),从而实现无缝循环。

04 为所有关键帧添加"缓动"效果,并调节动画曲线,如图7-54所示。静帧效果如图7-55所示。

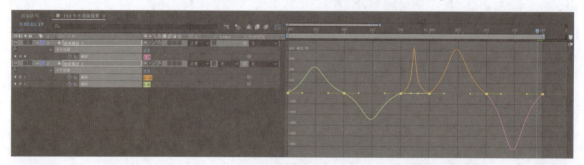

图7-54

图7-55

7.4 过渡效果

为使画面过渡得更自然，在制作转场动画时经常会用到"过渡"效果组中的效果，如"百叶窗""CC Light Wipe"效果等。

7.4.1 旋转过渡

本小节介绍通过设置"旋转"属性与"不透明度"属性制作图7-56所示的动效的方法。

图7-56

01 新建合成，绘制一个矩形，为其"旋转"属性和"不透明度"属性添加关键帧，并设置其"旋转"为0°，"不透明度"为100%。复制矩形，将"旋转"改为90°，"不透明度"改为0%。在20帧的位置将"形状图层2"的"旋转"改为180°，"不透明度"改为100%；将"形状图层1"的"旋转"改为90°，"不透明度"改为0%。参数设置如图7-57所示。

图7-57

02 为所有关键帧添加"缓动"效果，并调节动画曲线，如图7-58所示。静帧效果如图7-59所示。

图7-58

图7-59

7.4.2 滑动切换

通过处理路径和调整序列图层可以实现图7-60所示的效果。

图7-60

01 新建合成，绘制矩形（勾选"贝塞尔曲线路径"），选择上方的两个锚点，并将锚点向右侧倾斜，如图7-61所示。

图7-61

02 复制矩形，将复制的矩形向左侧移动，使矩形右侧边贴合原矩形的左侧边，在1秒时为两个矩形的"位置"属性和"不透明度"属性添加关键帧。在0秒时将"形状图层2"的"位置"向右上方调节（"形状图层1"的"位置"向左下方调节），然后将"不透明度"调整为0%。因为最终效果是先在中间，然后移动，再回来，所以要将关键帧整体向后移动。复制最后一个关键帧，将其粘贴到最前方，并为整体关键帧添加"缓动"效果，修改动画曲线。选择设置好关键帧的两个图层，在上方对它们进行复制。选择复制好的图层的所有关键帧，将其向右移动（重复操作多次，左侧也是相同方法），调整图层的顺序（右侧→左侧）。图形和关键帧参数如图7-62所示。

图7-62

03 从下至上选择全部图层，然后执行"动画>关键帧辅助>序列图层"菜单命令（时间上可以选择8秒，也可以选择其他数值），在弹出的对话框中将"持续时间"调到0秒并补全关键帧，为全部图形添加预合成；绘制一个正方形作为遮罩，将时间调节到合适位置，也可以放大或缩小预合成，如图7-63所示。静帧效果如图7-64所示。

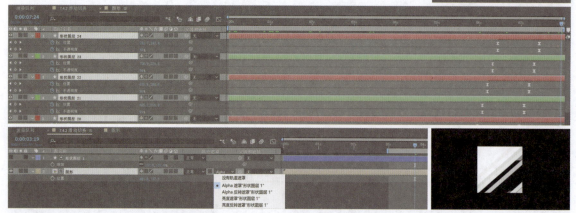

图7-63

图7-64

> **提示** 图层数量由合成大小及矩形宽度决定，读者可以根据实际效果自行调整。

7.4.3 百叶窗

本小节将使用"效果和预设"面板中的"百叶窗"效果来制作图7-65所示的动效。

图7-65

01 新建合成，绘制一个矩形，在"效果和预设"面板中找到"过渡>百叶窗"，并为矩形添加此效果；为"过渡完成"属性添加关键帧，然后复制矩形，调节关键帧的数值，并删除不需要的关键帧，如图7-66所示。

图7-66

02 为所有关键帧添加"缓动"效果，并调节动画曲线，如图7-67所示。静帧效果如图7-68所示。

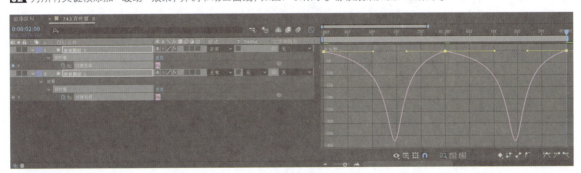

图7-67

图7-68

7.4.4 CC Line Sweep

本小节使用"效果和预设"面板中的"CC Line Sweep"效果制作图7-69所示的动效。

图7-69

01 新建合成,绘制一个矩形,在"效果和预设"面板中找到"过渡>CC Line Sweep",为矩形添加此效果并调整其参数;为"Completion"属性添加关键帧,然后复制矩形(方法与"7.4.3 百叶窗"中的相似),调节关键帧的位置和数值,让变化过程中有一个停顿,如图7-70所示。

图7-70

02 为所有关键帧添加"缓动"效果并调节动画曲线,如图7-71所示。静帧效果如图7-72所示。

图7-71

图7-72

7.5 扭曲效果

本节将使用"效果和预设"面板中的"扭曲"效果组来制作常见动画。

7.5.1 CC Bender

本小节使用"CC Bender"效果制作图7-73所示的动效。

图7-73

01 新建合成,绘制一个矩形,并复制出4个矩形,这里是在同一个图层中复制,而不是复制多个图层,如图7-74所示。

图7-74

02 将5个矩形间隔一定距离进行摆放并对齐,在"效果和预设"面板中找到"扭曲>CC Bender",为矩形添加此效果;调整顶点和底点的位置,然后为Amount和Style添加关键帧,如图7-75所示。

> **提示** Amount用于设置弯曲的程度,为正时向右弯曲,为负时向左弯曲。Style表示弯曲的类型,Bend表示远离顶点进行弯曲,Marilyn表示在顶点和底点之间进行弯曲,Sharp表示锋利的弯曲,Boxer表示过顶点后以原图形的形状进行延续。Top表示顶点。Base表示底点。

图7-75

03 为所有关键帧添加"缓动"效果,并调节动画曲线,如图7-76所示。静帧效果如图7-77所示。

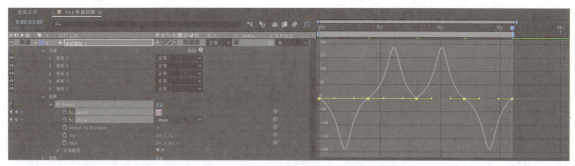

图7-76

图7-77

7.5.2 波形变形

本小节使用"波形变形"效果制作图7-78所示的动效。

图7-78

01 新建合成,绘制一个圆形,在"效果和预设"面板中找到"扭曲＞波形变形",为圆形添加此效果,效果及参数设置如图7-79所示。

图7-79

02 为"波形变形"效果的"波浪类型"和"波形高度"属性添加关键帧,参考关键帧数值如图7-80所示,将"波浪类型"由"正方形"调整为"正弦"。

图7-80

> **提示** "波浪类型"表示波形的类型,"波形高度"表示波形的高度(顶点到底点的距离),"波形宽度"表示波形的宽度,"方向"表示波形的方向,"波形速度"表示波形的运动速度(为0时波形不运动),"消除锯齿(最佳品质)"用于调整画面质量。

03 为所有关键帧添加"缓动"效果,并调节动画曲线,如图7-81所示。静帧效果如图7-82所示。

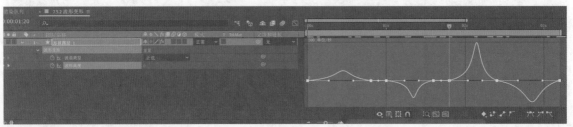

图7-81

图7-82

7.5.3 旋转扭曲

本小节使用"旋转扭曲"效果制作图7-83所示的动效。

图7-83

01 新建合成，绘制一个矩形，为矩形添加"旋转扭曲"效果（在"效果和预设"面板中找到"扭曲＞旋转扭曲"）；为"旋转扭曲"效果的"角度"属性添加关键帧，为图形自身的"旋转"属性添加关键帧，如图7-84所示。

图7-84

> 提示　"角度"表示旋转的角度，"旋转扭曲半径"表示影响的范围大小，"旋转扭曲中心"用于确定中心点的位置。

02 为所有关键帧添加"缓动"效果，并调节动画曲线，如图7-85所示。静帧效果如图7-86所示。

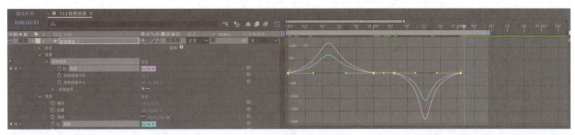

图7-85

图7-86

7.6 风格化效果

本节将介绍"效果和预设"面板中的"风格化"效果组下的常见效果。

7.6.1 散布

使用"效果和预设"面板中的"风格化>散布"效果可以实现画面的散布效果,为该效果的属性设置不同的值可以实现不同的画面效果,如图7-87所示。

图7-87

01 新建合成,绘制一个圆形,在"效果和预设"面板中找到"风格化>散布",将其拖曳到形状图层上,如图7-88所示。

图7-88

02 为"散布数量"属性添加关键帧,效果和参考关键帧数值如图7-89所示。

图7-89

> **提示** "散布数量"表示颗粒的分布范围;当"颗粒"为"两者"时,颗粒在水平和垂直方向均发散,为"水平"时只向水平方向发散,为"垂直"时只向垂直方向发散。

03 为所有关键帧添加"缓动"效果,并调节动画曲线,如图7-90所示。静帧效果如图7-91所示。

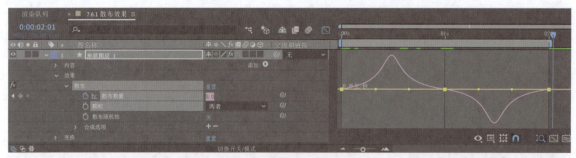

图7-90

图7-91

7.6.2 马赛克

本小节使用"效果和预设"面板中的"风格化>马赛克"效果制作图7-92所示的动效。

图7-92

01 新建合成，绘制一个六边形，为"旋转"属性添加关键帧。效果和参考关键帧数值如图7-93所示。

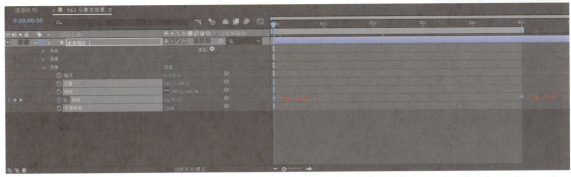

图7-93

02 在"效果和预设"面板中选择"风格化>马赛克"，为六边形添加"马赛克"效果，如图7-94所示。

图7-94

03 适当调整"水平块"和"垂直块"的值，不需要添加关键帧。"水平块"表示马赛克的宽度，"垂直块"表示马赛克的高度。为所有关键帧添加"缓动"效果，并调节动画曲线，如图7-95所示。静帧效果如图7-96所示。

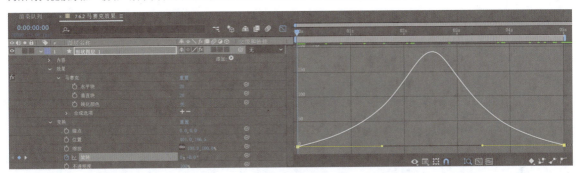

图7-95

图7-96

7.6.3 发光

本小节使用"效果和预设"面板中的"风格化>发光"效果制作图7-97所示的效果。

图7-97

新建合成，绘制一个圆形，在"效果和预设"面板中找到"风格化>发光"，为圆形添加此效果；调整"发光半径"的值，然后添加关键帧，如图7-98所示。静帧效果如图7-99所示。

图7-98

图7-99

提示 "发光半径"表示光的扩散范围，"发光强度"表示光的亮度。

7.7 模糊和锐化效果

本节主要介绍"效果和预设"面板中的"模糊和锐化"效果组中的常见效果。

7.7.1 CC Cross Blur

本小节使用"CC Cross Blur"效果制作图7-100所示的动效。

图7-100

01 新建合成,绘制一个正方形,在"效果和预设"面板中找到"模糊和锐化 > CC Cross Blur",为正方形添加此效果,如图7-101所示。

02 为"Radius X"与"Radius Y"添加关键帧,并调节它们的数值,参考关键帧数值如图7-102所示。

图7-101

图7-102

> **提示** "Radius X"表示半径x,"Radius Y"表示半径y;"Transfer Mode"表示模式,分为"Blend"(混合)、"ADD"(添加/增加)、"Lighten"(变亮)、"Darken"(变暗)等;"Repeat Edge Pixels"表示重复边缘像素。

03 为所有关键帧添加"缓动"效果,并调节动画曲线,如图7-103所示。静帧效果如图7-104所示。

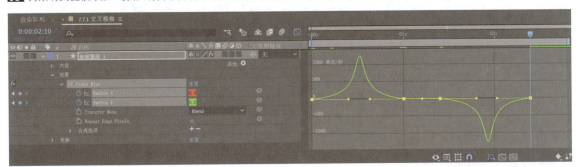

图7-103

图7-104

7.7.2 高斯模糊

本小节使用"效果和预设"面板中的"模糊和锐化 > 高斯模糊"效果制作图7-105所示的效果。

图7-105

01 新建合成，绘制一个圆形，在"效果和预设"面板中找到"模糊和锐化>高斯模糊"，将其拖曳到形状图层上，如图7-106所示。

图7-106

02 为"模糊度"属性添加关键帧，参考关键帧数值如图7-107所示。

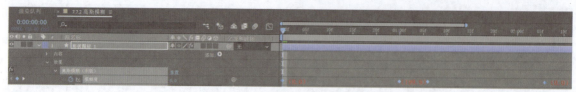

图7-107

03 为所有关键帧添加"缓动"效果，并调节动画曲线，如图7-108所示。静帧效果如图7-109所示。

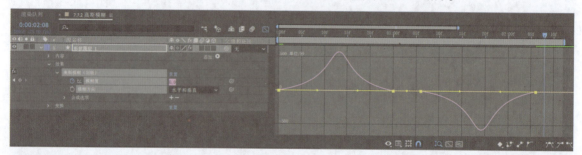

图7-108

图7-109

7.7.3 景深效果

调整摄像机的"光圈"和"模糊层次"，然后改变图形的位置，可以实现图7-110所示的效果。

图7-110

01 新建合成，分别绘制一个矩形和一个圆形，让两者在不同的图层中，效果和"时间轴"面板如图7-111所示。

图7-111

02 创建摄像机，勾选"启用景深"，为图层开启3D模式，如图7-112所示。

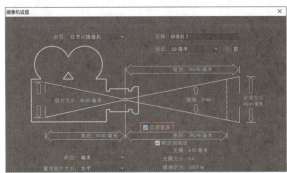

图7-112

03 调整"摄像机1"的"光圈"和"模糊层次"（光圈越大，景深越浅），然后为矩形和圆形的"位置"属性添加关键帧，"摄像机1"的参数设置和参考关键帧数值（主要是z轴的改变，所以此处只标注了z轴的变化）如图7-113所示。

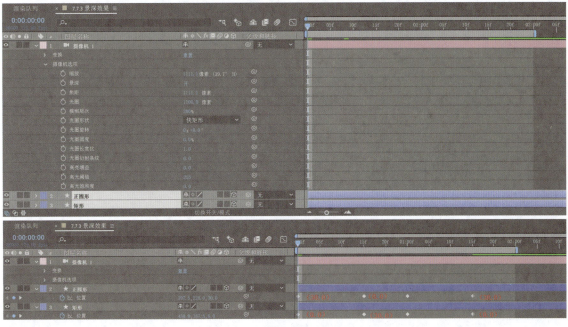

图7-113

04 为所有关键帧添加"缓动"效果，并调节动画曲线，如图7-114所示。静帧效果如图7-115所示。

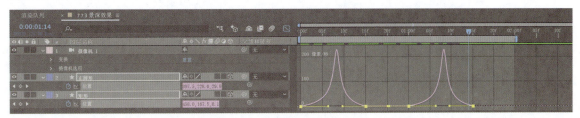

图7-114

图7-115

7.7.4 CC Radial Blur

本小节使用"效果和预设"面板中的"CC Radial Blur"效果制作图7-116所示的动效。

图7-116

01 新建合成,绘制一个矩形,在"效果和预设"面板中找到"模糊和锐化＞CC Radial Blur",为矩形添加此效果;将"Type"改为"Fading Zoom",并为"Amount"属性添加关键帧,再为矩形的"缩放"属性添加关键帧,如图7-117所示(此处的值也可根据实际情况自行调节)。

图7-117

> **提示** "Type"表示径向模糊的类型,"Amount"表示模糊的程度,"Quality"表示质量(质量值高,画面锯齿少;质量值低,画面锯齿多),"Center"表示中心点。

02 为所有关键帧添加"缓动"效果,并调节动画曲线,如图7-118所示。静帧效果如图7-119所示。

图7-118

图7-119

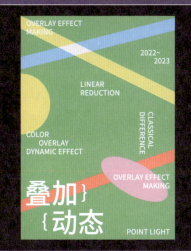

第 8 章 商业应用

前面已学习了7章的内容，接下来进行商业应用的实操，运用理论知识来完成案例的制作。通过案例制作不仅能很好地巩固之前所学的知识，而且可以提高解决问题的能力。随着时代的发展，After Effects动效的应用也变得越发广泛，例如文字动效、Logo动效、海报动效、UI动效等，接下来逐一进行讲解。

8.1 文字动效

在学会静态文字的设计之后，为了提升自己的竞争力，可以继续进行文字动效的学习。文字动效并不是随意在文字上加入动态效果，而是要结合文字本身的含义进行创作。下面以已经设计好的静态文字为例讲解文字动效的制作方法。掌握了制作方法之后，读者可以拿自己的设计案例进行操作，以巩固所学知识。

8.1.1 "掣"字动效

"掣"的意思为极快地闪过，那么在制作这个字的动效时可以为每个笔画添加强光爆发的效果，然后依次呈现，以更好地体现该文字本身的含义。效果如图8-1所示。

图8-1

01 在Illustrator中对"掣"字进行设计，因为其字面意思比较强劲，所以可以采用矩形加修饰边角的方法来制作静态文字。要注意笔画与笔画之间的距离，对于静态文字设计，初学者可以先找一些字库中的文字放在旁边做对比参考。当静态文字制作好后要先想好如何进行动态处理，从而更好地对图层进行整理。在Illustrator中将文字颜色改为白色，将笔画按顺序释放到图层并进行保存，如图8-2所示。

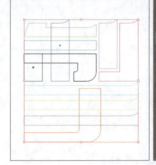 

图8-2

提示 如果想让制作的效果更加真实，可以将每个笔画都单独放在一个图层中，便于后期对每个笔画单独添加效果。

02 把整理好的Illustrator文件导入After Effects中，然后选择Illustrator文件中的所有图层。单击鼠标右键，执行"创建 > 从矢量图层创建形状"菜单命令，将Illustrator文件中的图层转换为After Effects中的形状图层，以便后续的操作，如图8-3所示。

图8-3

03 在"效果和预设"面板中选择"生成>CC Light Burst 2.5",将"CC Light Burst 2.5"效果添加到每个笔画的图层中,如图8-4所示。因为要为不同的笔画设置不同的关键帧,所以要分别添加效果才可以更好地对不同笔画进行控制。

图8-4

04 使用"CC Light Burst 2.5"效果可以实现光线缩放或者强光爆发的效果,它是基于源图层的灯光模拟器。属性的设置如图8-5所示。

> **提示** "Center"表示光线缩放的中心点,"Intensity"表示光的强度,"Ray Length"表示光束的长度,"Burst"用于设置爆发的方式,"Halo Alpha"表示光晕,"Set Color"用于设置颜色,"Color"表示光线的颜色。

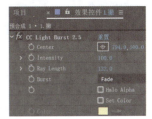

图8-5

05 为效果的"Center""Ray Length"属性添加关键帧,也就是为中心点和光束长度制作动效。根据自己的合成大小为第1个笔画设置光束长度,使光束铺满整个合成,如图8-6所示。

06 调整好其他笔画在0秒时的"Center"属性和"Ray Length"属性,因为光束向四周发散,所以中心点可以设置在远离四周的位置(这个数值不是固定的,可根据实际情况合理调整)。光束应铺满合成,设置好后的画面如图8-7所示,所有笔画的光束都是向四周发散的。

07 在1秒的时候再次设置"Center"属性和"Ray Length"属性,让画面顺时针转动(转动主要靠调整中心点的位置实现)。在2秒时"Center"属性不需要设置关键帧,因为这时候希望画面显示文字全貌。设置"Ray Length"属性为0,这样光束就不会向四周发散了,如图8-8所示。在"Ray Length"属性为0时设置两个相同的关键帧,以使当前画面停留一定时间,停留时间小于1秒即可。

图8-6

图8-7

图8-8

08 画面停留过后继续增加 "Ray Length" 属性的值，同步调整 "Center" 关键帧，让画面呈放射状慢慢展开，设置最后一帧的画面和第1帧的画面，使它们保持一致，如图8-9所示。可直接将第1帧画面复制到最后一帧，以保持一致（关键帧数值不固定，根据自己的画面调节即可）。

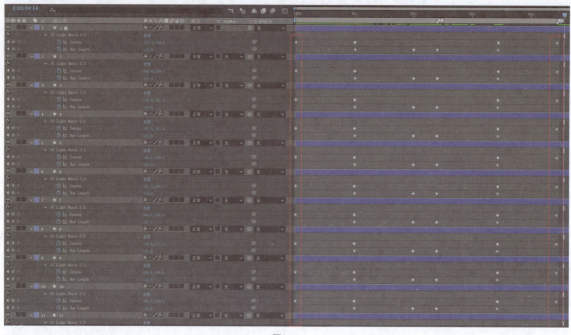

图8-9

09 每个笔画的效果全部制作好之后，可以为整体添加涟漪效果，使画面细节更加丰富。选择所有图层，为整体添加预合成，也可以按快捷键Ctrl+Shift+C来添加预合成。在"效果和预设"面板中找到"模拟 > CC Drizzle"，为预合成添加此效果，以模拟下雨时的涟漪效果，如图8-10所示。

10 "CC Drizzle" 的属性如图8-11所示。"Drip Rate" 表示滴率，通过调节滴率可以调整雨滴下落的速度；"Longevity(sec)" 用于设置雨滴生存时间，单位是秒；"Rippling" 用于设置产生涟漪的数量，数值越大，产生的涟漪越多、越细；"Displacement" 用于设置图像中颜色反差的程度；"Ripple Height" 用于设置产生涟漪的平滑度，数值越小，涟漪就越平滑，数值越大，涟漪就越明显；"Spreading" 用于设置涟漪的位置，数值越大，涟漪效果越明显；"Light" 表示光源，其中 "Light Intensity" 表示光源的强度，"Light Color" 表示光源的颜色，"Light Type" 表示光源的类型（类型分为两种，"Distant Light" 表示平行光，"Point Light" 表示点光）；"Shading" 用于设置雨滴的阴影。这里的数值不是固定的，可以根据预览效果来调节，也可以按图8-11中的数值进行设置。静帧效果如图8-12所示。

图8-10

图8-11

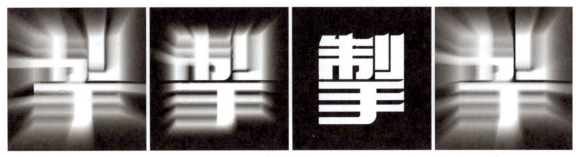

图8-12

8.1.2 "無"字动效

"無"是没有的意思,因此可以制作一个文字从无到有再到无的效果。直接使用"不透明度"属性也可以实现,但是如果想让画面过渡得更自然,可以在此基础上添加一些合适的效果。最终效果如图8-13所示。

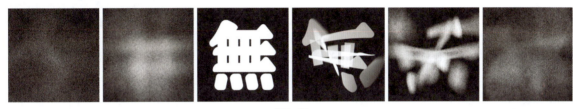

图8-13

01 在Illustrator中绘制静态文字,可以为文字添加一些宋体字的特征,并使其整体偏圆润一些,文字的笔画要粗一些,使每个笔画单独为一个图层,如图8-14所示,保存文件。

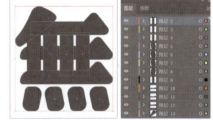

图8-14

02 将Illustrator文件导入After Effects,选中所有图层,然后按快捷键Ctrl+D进行复制,可以为它们设置不同颜色的标签以更好地区分。因为要制作文字从无到有再到无的效果,所以最好分两部分来设置关键帧,否则容易混乱,如图8-15所示。

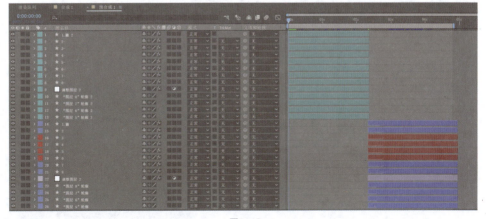

图8-15

03 在"效果和预设"面板中找到"模拟＞CC Scatterize",将其分别添加到笔画图层中。"CC Scatterize"是散射效果,其属性如图8-16所示。"Scatter"表示散射数值,数值越大越分散,数值越小越密集;"Right Twist"表示向右扭动;"Left Twist"表示向左扭动;"Transfer Mode"表示传递方式,其中"Composite"表示混合模式,"Screen"表示屏幕模式,"Add"表示叠加模式,"Alpha Add"表示Alpha叠加模式。

> **提示** 可以统一为"無"字的四点底加效果,这样调整起来更方便、快捷。在四点底的4个图层上方添加调整图层,为调整图层添加关键帧就可以控制下方的图层。另外,也可以在Illustrator中直接将四点底的4个图层合并为一个图层。

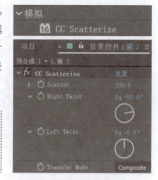

图8-16

04 为"CC Scatterize"属性添加关键帧,并调节图层的"位置"属性,使笔画由外部向内部移动。各属性的数值不唯一,根据实际情况设置即可,总之要让每个笔画都分开,让画面呈现出散射的效果,直到看不清文字为止。效果如图8-17所示。

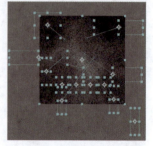

图8-17

05 做好第1部分之后可以对图层进行分割,将时间指示器移动到结束的位置并按快捷键Alt+],表示将时间指示器后面的部分删除;对于第2部分的图层,可以按快捷键Alt+[将时间指示器前面的部分删除。"时间轴"面板如图8-18所示。

图8-18

06 对于第2部分的图层,还是采用为"CC Scatterize"的属性添加关键帧并移动画面的位置的方法来制作。对笔画的"CC Scatterize"效果进行调节,让整体微微飘起即可,然后让笔画由逐步加大散射变为逐步分散,最后的关键帧画面可以与第1部分的相同或者相似,使动画循环且不卡顿。效果如图8-19所示。

图8-19

07 为所有关键帧添加"缓动"效果,因为关键帧过多,所以曲线图看起来会比较乱,不过不用担心,全选后直接分别调节前面和后面的手柄就可以统一控制曲线,如图8-20所示。静帧效果如图8-21所示。

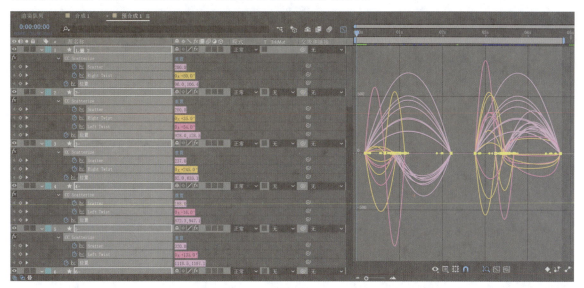

图8-20

图8-21

8.1.3 "寫"字动效

"寫"是"写"的繁体字,因为"写"字的笔画比较少,无法很好地展示After Effects的"写入"效果,所以这里以复杂一些的繁体字"寫"来演示书写效果。"写入"效果在设计中的使用频率是比较高的。具体效果如图8-22所示。

图8-22

01 将静态字设置为宋体字。因为字是一笔一笔写的,所以在Illustrator中要把笔画按照书写的顺序进行拆分,如图8-23所示。每个笔画都要拆分,连接在一起的地方要切开并进行分层,这样有利于后期逐一制作动画效果。

图8-23

02 将Illustrator中的文件导入After Effects中，执行"创建 > 从矢量图层创建形状"菜单命令，将Illustrator文件中的图层转换为After Effects的形状图层，如图8-24所示。

03 在"效果和预设"面板中选择"生成 > 写入"，如图8-25所示，并分别为每个图层添加此效果。

04 图8-26所示为"写入"效果的一些属性，"画笔位置"是最关键的属性，通过对"画笔位置"进行调整，可以模拟出写字的效果；"颜色"表示画笔的颜色，可以设置得明显一些，因为后续会调整样式，使这种颜色不出现，只出现文字本身，所以它的作用只是让设计师能够看清路径，并不会影响后续的效果；"画笔大小"用于控制画笔的粗细，设置其值，使画笔刚好可以覆盖笔画；"画笔硬度"表示画笔边缘的虚化程度；"画笔不透明度"用于调节画笔的不透明度，一般默认为100%；"描边长度(秒)"和"画笔间距(秒)"保持默认设置即可；"绘画时间属性"选择"颜色"；"画笔时间属性"选择"无"；"绘画样式"选择"显示原始图像"，这样设置后的效果就是原画面的图形而不是彩色的画笔。

图8-24

图8-25

图8-26

提示 "画笔硬度"的数值越大，画笔越硬，边缘越清晰；数值越小，画笔越软，边缘越模糊。

05 第1笔是点，这个笔画很短，所以书写时间也是很短的，为"画笔位置"属性添加关键帧，在0秒时画笔在图层外部，在5帧时画笔盖住整个点所在的图层。为了看得更清晰，这里先将"绘画样式"设置为"在原始图像上"，当画笔盖住整个图层之后再将"绘画样式"改为"显示原始图像"。要注意调整画笔的大小，使画笔盖住笔画。如果希望画笔边缘更柔和，可适当降低"画笔硬度"属性的值。参数设置与效果如图8-27所示。

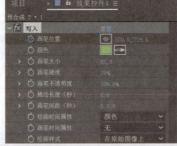

图8-27

06 第2笔是点，想让笔画写得自然，两个关键帧是实现不了的。虽然这个笔画很短，但是根据书写走势还是有转折，因此最少需要3个关键帧。效果及参数设置如图8-28所示。

图8-28

07 第3笔是横钩，同样需要3个关键帧。图8-29所示的红色圆点标注了关键帧点的位置，因为这个笔画比其他笔画稍长一些，所以书写时间也要比其他笔画长一点。剩余的笔画也是一样的操作方式。笔画长，时间就长；笔画短，时间就短。如果有些笔画可以连笔写出，但是分了多个图层，可以为图层添加预合成，然后对预合成添加"写入"效果。制作时一定要记得在上一笔写完之后，才开始下一笔，避免出现多个笔画同时运动的情况。关键帧的位置如图8-30所示。两个关键帧无法完成的笔画，就用多个关键帧处理，最后为所有关键帧添加"缓动"效果，让书写画面更真实、自然。

图8-29

图8-30

08 为了让画面效果不单调，可以选中所有图层并添加预合成，然后为预合成的"旋转"属性和"不透明度"属性添加关键帧，如图8-31所示。为"旋转"属性添加关键帧是为了让整体效果更丰富，为"不透明度"属性添加关键帧是为了让最终导出的循环动画有入场和出场，且循环不卡顿。静帧效果如图8-32所示。

图8-31

图8-32

> **提示** 处理方式并不唯一，也可以使用其他效果来完成，只要结果不花哨，让主次有区分就可以。

8.1.4 "雨"字动效

在制作"雨"字动效的时候可以将其和雨水结合起来。在绘制静态文字的时候可以在笔画的边角处绘制一些雨滴，在制作动态效果的时候可以为画面添加下雨效果，使整体更生动形象。具体效果如图8-33所示。

图8-33

01 因为给静态文字加了很多修饰元素，所以这个字的笔画就不需要拆分了，将整体保存好即可，如图8-34所示。

02 将Illustrator中的文件导入After Effects，可以直接对Illustrator中的文件制作相应效果，不需要将其转换为形状图层。

03 在"效果和预设"面板中找到"模拟>CC Mr. Mercury"，为图层添加此效果，这个效果的中文意思为"流体"，正适合制作下雨的效果，如图8-35所示。

04 "CC Mr. Mercury"效果的属性如图8-36所示。"Radius X"和"Radius Y"表示半径（流体粒子分别在x轴或者y轴方向上扩散的半径），"Producer"表示中心（流体粒子发射的中心），"Direction"表示方向（x、y轴方向旋转流体粒子），"Velocity"表示速度（流体粒子发射的速率，数值越大，流体粒子的扩散效果越强烈），"Birth Rate"表示出生率（控制流体粒子的数量），"Longevity"表示寿命（控制流体粒子的生存时间），"Gravity"表示重力（控制流体粒子喷出后的落向），"Resistance"表示阻力（模拟空气阻力），"Extra"表示额外（增加约束外的粒子，使画面产生随机性），"Animation"表示动画（有内置的基础动画效果），"Blob Influence"表示影响（控制流体粒子互溶成团状的效果）。"Animation"的类型如图8-37所示，"Explosive"表示爆炸，"Fractal Explosive"表示分形爆炸，"Twirl"表示转动，"Twirly"表示急速旋转，"Vortex"表示旋涡，"Fire"表示火，"Direction"表示方向，"Direction Normalized"表示规范化的方向，"Bi-Directional"表示双向，"Bi-Directional Normalized"表示规范化的双向，"Jet"表示像飞机一样喷射，"Jet Sideways"表示侧向喷射。

图8-34　　　　　图8-35　　　　　　　　　　图8-36　　　　　　　　　　图8-37

05 为"CC Mr. Mercury"效果的一些属性设置关键帧，让画面产生从上至下滴落的效果，如图8-38所示。在开始时让中心点在画面外，如此则由最初的从上到下出现、从无到有出现的效果，逐步回到最初的静态效果，并进行短时间的停留。关键帧参考如图8-39所示。

图8-38

> **提示** 当"雨"字短暂停留过后要制作一个消失动画，这样才可以使动画循环且不卡顿，可以采用"扭转"效果来实现。先把上面的Illustrator文件复制一份，删除所有关键帧，然后选中图层并单击鼠标右键，执行"创建>从矢量图层创建形状"菜单命令。接着将时间指示器放在需要切割的位置，按快捷键Alt+[，删除前面的内容。

图8-39

06 选中图层,单击"添加"按钮,选择"扭转",如图8-40所示。为图层添加"扭转"效果,并为"扭转"效果的"角度"属性添加关键帧,再为图层的"不透明度"属性添加关键帧,如图8-41所示。

图8-40

图8-41

07 开始设置的雨滴下落速度较慢,导致前面的空画面时间过长,可以采用截取需要的工作区域的方法来解决这个问题,即不以0秒为工作区域的起始处,如图8-42所示。现在需要将第5帧处设置为工作区域的开始位置,将时间指示器放在第5帧的位置,然后按B键,表示将此处设置为工作区域的开始处。将时间指示器放在3秒10帧的位置,然后按N键,表示将此处设置为工作区域的结束处。渲染的时候也只对工作区域内的画面进行渲染,静帧效果如图8-43所示。

图8-42

图8-43

> **提示** 要灵活地运用截取工作区域的方法来设置自己需要的内容。

8.1.5 "坤"字动效

"坤"字动效的制作可以用"卡片动画"效果来完成。具体效果如图8-44所示。

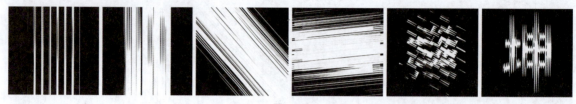

图8-44

01 在Illustrator中绘制好文字形状，然后将整体进行保存，这里可以直接对Illustrator文件中的图层进行操作，所以就不需要拆分图层了。

02 将Illustrator文件导入After Effects，然后进行预合成，之后再复制一层预合成，以便后续分层进行关键帧的设置。在"效果和预设"面板中找到"模拟＞卡片动画"，如图8-45所示，将此效果添加到预合成上。

03 新建一个白色的纯色图层，然后制作文字从无到有的效果。在0秒时关键帧的设置如图8-46所示。"背面图层"选择当前的图层；"渐变图层1"选择新建的白色纯色图层，然后分别设置 x、y、z 3个轴向的"乘数"，在设置数值时可以看到画面的变化，根据需要的效果调节对应的数值。

图8-45

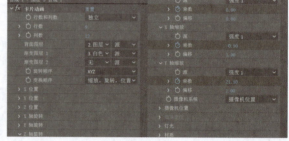

图8-46

04 画面最开始是灰色底、无文字的，然后逐步显示竖线条，线条从细到粗，变粗到一定程度后进行旋转倾斜，旋转几次后线条逐步变形为小方框的形态，最后变形为"坤"静态文字，效果及"时间轴"面板如图8-47所示。这里要停留一段时间，再继续制作消失动画。

图8-47

05 在之前复制的预合成上制作消失动画，参考关键帧如图8-48所示。

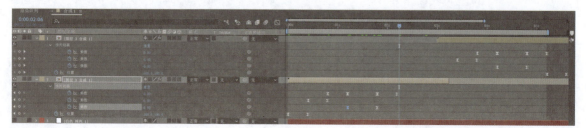

图8-48

> **提示** "卡片动画"效果的"旋转顺序"属性用于在绕多个轴旋转时设置卡片绕多轴旋转的顺序，根据需要自行设置即可；"变换顺序"用于设置执行变换（缩放、旋转和位置）的顺序。下面的位置、旋转和缩放属性用于指定要变换的属性。因为"卡片动画"是3D效果，所以可以在不同轴向单独控制这些属性，但是应用效果的对象本身是2D图像，它没有固有的深度，所以是没有z轴缩放的，即只有x轴和y轴缩放。

静帧效果如图8-49所示。

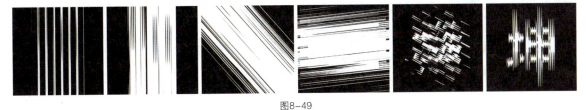

图8-49

8.1.6 "乱"字动效

"乱"的意思是没有秩序和条理，所以制作动效时不仅要让动画表达出乱的含义，也要做到乱中有序。可以将笔画逐一拆分开，从笔画逐步延长到画面整体，然后形成文字，最终再分散开。具体效果如图8-50所示。

图8-50

01 在Illustrator中将笔画拆分开，并进行"释放到图层"操作，结果如图8-51所示。

02 将Illustrator中的文件导入After Effects，并将图层转换为形状图层。为所有图层的"位置"属性添加关键帧，这个关键帧要在靠后的时间添加，因为这样可以保留当前呈现的画面。为图层的"旋转"属性、"路径"属性和"位置"属性添加关键帧，通过旋转把倾斜的笔画设置成横画或者竖画，如图8-52所示。

图8-51

图8-52

> **提示** 笔画旋转90°或者-90°均可，也可以适当移动笔画的位置，各属性的值可根据实际情况自行调整。

03 绘制一些矩形，为绘制好的矩形逐一添加"修剪路径"，为它们的"开始"属性或者"结束"属性添加关键帧，如图8-53所示。

图8-53

> **提示** 采用"开始"属性还是"结束"属性，要根据路径运动方向来确定。关键帧为0~100或者100~0，这取决于想实现的开始或结束的方向。

04 将画面中的小球从画面外逐步移动到画面内，当画面中显示正常的静态文字时，要让画面停留一段时间再继续创建关键帧，如图8-54所示。

05 停留一段时间后，继续创建关键帧，让整体画面通过旋转变成横向或竖向的线条，然后再向画面外慢慢移动。参考关键帧如图8-55所示（这里要注意关键帧的位置）。

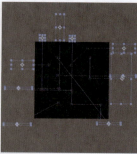

图8-54

图8-55

06 为所有关键帧添加"缓动"效果，并调节动画曲线，如图8-56所示。静帧效果如图8-57所示。

图8-56

图8-57

8.1.7 "燚"字动效

"燚"用于形容火剧烈燃烧的样子,一般用于人名,拿这个字举例主要是因为它由4个"火"字组成,是比较有特点的文字。设计静态字的时候只需设计一个"火"字,然后进行复制即可。具体效果如图8-58所示。

图8-58

01 在Illustrator中绘制好文字后,对笔画逐一进行拆分,然后释放到图层,如图8-59所示。

02 将Illustrator中的文件导入After Effects,并将图层转换为形状图层,然后对其中一个"火"字进行预合成,复制3个预合成,并将它们分别命名为图8-60所示的名字,方便后续对整体进行动画的制作。

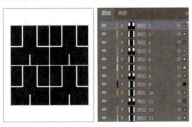

图8-59　　　　　　　　　　　　图8-60

03 打开名称为"左上"的预合成,将"火"的第1笔显示出来,并制作位移动画。其他笔画的图层在前面可以不显示,后面操作时候进行显示。使第1个笔画以从无到有的形式进行显示,为"缩放"属性添加0~100的关键帧,缩放完成后为"旋转"属性添加0~180的关键帧,在旋转的同时让笔画进行位移,并逐步移动到最终位置。在未到最终位置时让其他笔画进行呈现,并跟随第1个笔画进行移动,使多个笔画同步移动到最终位置。效果及图层关键帧如图8-61所示。

图8-61

04 为"右上"预合成的"位置"属性添加关键帧,使其向右移动,然后为"左下"和"右下"预合成同步制作位移动画,使其向下移动,关键帧及"时间轴"面板如图8-62所示。

图8-62

05 为4个预合成整体添加预合成，再为其添加"CC Light Burst 2.5"效果（在8.1.1中讲解过）和"CC Light Wipe"效果，效果及参数设置如图8-63所示。

图8-63

> **提示** "CC Light Wipe"效果的"Completion"表示结束，"Center"用于设置光的中心点，"Intensity"用于设置光的强度，"Shape"用于设置光的形状，"Direction"用于设置光的方向，"Color"表示颜色。

06 为了不让背景过于单调，可以添加一个"CC Snowfall"效果，用来制作下雪的背景，参数设置如图8-64所示。静帧效果如图8-65所示。

图8-64

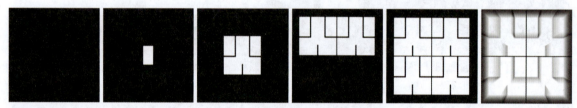

图8-65

> **提示** "CC Snowfall"效果中的属性"Flakes"用于设置雪花的数量；"Size"用于设置雪花的大小；"Variation%（Size）"表示偏移（数值越大，雪花的偏移就越明显）；"Scene Depth"用于设置雪花的景深程度；"Speed"用于设置雪花下落的速度，数值越大，速度越快；"Wind"用于设置风力的大小，数值越大，风力就越大；"Variation%（Wind）"用于设置雪花风力的变异量，它会影响雪花下落的状态，数值越大，雪花偏移得就越明显；"Spread"用于控制雪花杂乱的程度；"Wiggle"用于设置雪花的摆动程度；"Color"表示颜色；"Opacity"表示透明度；"Background Illumination"表示背景照明；"Transfer Mode"表示变换的模式；"Composite With Original"表示原始合成，如果勾选的话，背景效果就没有了；"Extras"表示追加；"Offset"表示偏移；"Ground Level"表示地面平行线的基点；"Embed Depth"用于设置雪花的景深；"Random Seed"用于设置雪花的随机程度。

8.1.8 "游"字动效

"游"字整体给人比较轻松的感受，那么在制作动效的时候可以让它更流畅地书写出来，笔画也要更柔和一些。具体效果如图8-66所示。

图8-66

01 在Illustrator中设计好文字,要将文字打散,并对重合的笔画进行分割,如图8-67所示。对于笔画重叠的部分,要将其分割成两部分,因为后续制作动画的时候是分别设置关键帧的;笔画分割好之后要把文字按原设计图进行摆放并释放到图层。

图8-67

02 将Illustrator中的文件导入After Effects,并将图层转换为After Effects中的形状图层。

03 接下来要做遮罩,使用"钢笔工具" 绘制带有描边、无填充的线条,把整体的字一笔一笔画好,图层要根据笔画书写的顺序进行设置。调整线条的"描边"值,使其能够盖住笔画。描边图层要分别调整到每一个笔画的下方,将描边的"线段端点"改为"圆头端点","线段连接"改为"圆角连接"。为线条图层添加"修剪路径",为其"开始"属性和"结束"属性添加关键帧,然后为此图层添加Alpha遮罩,如图8-68所示。

图8-68

> **提示** 后续的每个笔画都需要这样操作,并设置好"开始"和"结束"属性的关键帧,让笔画从无到有地呈现出来。

04 新建纯色图层,放在路径图层的下方,然后在纯色图层上绘制路径蒙版。如果希望笔画是由画面外部逐步进入的,那么路径蒙版就从外部向内部绘制。如果想让笔画直接从头到尾实现书写,那么就从笔画的起点开始绘制路径蒙版。这里需要用到一个效果"3D Stroke",如图8-69所示。将此效果添加到纯色图层上。

05 设置"3D Stroke"效果的属性,如图8-70所示。展开"锥化"属性栏,勾选"启用",这样线条就变成了两头窄、中间宽的效果;然后调整"锥体开始"和"锥体结束"的数值,直到笔画位于合适的位置且长度适当;继续调节"锥体开始"或者"锥体结束"的值,让线条从两头窄中间宽变成一头窄一头宽的效果;为"偏移"属性设置关键帧,移动有"偏移"属性的线条,就会实现字从无到有的效果。

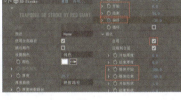

图8-69 　　　　图8-70

06 调整纯色图层的"偏移"属性的关键帧,使其与路径图层的"开始"和"结束"画面相对应,注意同步调整图表编辑器中的速度曲线。其他笔画也是一样的操作。

07 当画面中显示出完整的文字后,可以使该画面停留一定时间,然后制作文字消失的动画,消失的速度可以比文字进入速度快一些。可以为同一类型的图层设置相同颜色的标签,以便区分,如图8-71所示。静帧效果如图8-72所示。

图8-71

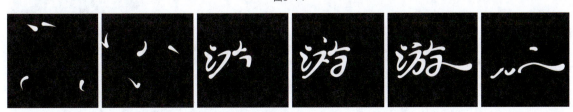

图8-72

8.2 Logo动效

对一个企业来讲，Logo的设计是非常重要的。Logo是企业视觉识别系统设计的核心要素，展现了品牌的经营理念和创始人对品牌的愿景。想在同行业竞品中脱颖而出，将Logo进行动态化处理是一种快捷、高效的方法。

8.2.1 字母"MG"Logo动效

客户要求以"MG"为主进行设计，希望整体效果简洁又不单调，所以可以将两个字母重叠一部分，然后做一个镂空圆。这样既可以让人一眼认出字母，又可以使该公司的Logo在同行业中脱颖而出。外围用圆形包裹，为了提升整体的美观度，可以在镂空的基础上做一个破形，加一层描边，使Logo具有立体感。具体效果如图8-73所示。

图8-73

01 在Illustrator中将图层分好，如果后期想分开做动画，那么就取消编组，让它们各自独立成一个图层；如果主图形画面想整体做动画，就处理成一个图层即可。整理好后释放到图层，并对每个图层进行命名，以便区分不同图层，如图8-74所示。

02 将Illustrator中的文件导入After Effects，并将Illustrator图层转换为After Effects中的形状图层。

03 为图形做动画。绘制一个矩形，放在"MG"轮廓的上方，并为"MG"轮廓添加Alpha遮罩；然后在"效果和预设"面板中找到"扭曲 > 湍流置换"，为"形状图层1"添加"湍流置换"效果，如图8-75所示。

图8-74　　　　　　　　　　　　　　　图8-75

04 将"湍流置换"效果的"置换"属性设置为"湍流"（可以根据自己想要的效果选择对应的选项）；设置"数量"为50（数值越大，扭曲越明显），"大小"为100（数值越大，扭曲区域越大，整体越显平缓）。"偏移（湍流）"用于创建扭曲的部分分形形状，从而控制水平或垂直方向上的移动；"复杂度"用于确定湍流的详细程度，数值越小，扭曲效果越平滑；"演化"主要用于使湍流随时间变化。为"演化"属性添加关键帧，使图形在1秒5帧的时间内从无到有地出现。参数设置和"时间轴"面板如图8-76所示。

图8-76

05 为"'圆'轮廓"图层添加"修剪路径",并为"结束"属性添加关键帧(根据实际情况选择是为"开始"属性添加关键帧,还是为"结束"属性添加关键帧),使图形呈现出从无到有的效果,如图8-77所示。

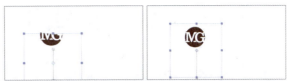

图8-77

06 其余英文字母可以有节奏地由小到大进行旋转呈现。为其他字母图层的"缩放"属性和"旋转"属性添加关键帧,让字母旋转出现。效果及参数设置如图8-78所示。

图8-78

07 为字母"P"的图层的"路径"属性添加关键帧,让字母"P"从正常比例逐步拉长。整个Logo的英文字母有两行,可以让行与行之间的节奏保持统一,在图层上排列出节奏感,关键帧和图层的排列如图8-79所示。静帧效果如图8-80所示。

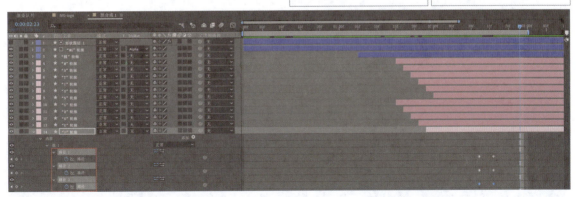

图8-79

图8-80

8.2.2 胡萝卜工作室Logo动效

这个Logo是以公司名称对应的胡萝卜图形为主进行设计的，再结合一些辅助的英文信息，制作动效的时候可以使Logo由内到外逐步呈现出来。具体效果如图8-81所示。

图8-81

01 在Illustrator中整理设计图，将文字全部转曲，将线条图形全部分层，并且释放到图层，再为不好区分的图层进行命名，如图8-82所示。

02 将Illustrator中的文件导入After Effects，可以转换成矢量形状的就转换成矢量形状，不可以转换的就直接保留Illustrator图层。

03 将中间的小英文单词进行缩放处理，设置0秒时图层的"缩放"属性为0，5帧时图层的"缩放"属性为100。因为单词很短，所以动画的时间可以做得短一些。

04 对小英文单词下面的线条也进行缩放处理，当小英文单词还没有完全展开时，这根线条就开始进行缩放。线条缩放结束后对"钢笔"图层进行动效设计。为"钢笔"图层添加蒙版，为蒙版路径制作动效，让具体画面逐步出现。以上3个图层的关键帧如图8-83所示。

图8-82

图8-83

05 为中间文字和外框等添加蒙版，为蒙版路径制作动效，使画面逐步呈现，然后对胡萝卜的叶子制作蒙版路径和动效，让外部的线条和环绕文字等出现。所有关键帧和图层结构如图8-84所示。静帧效果如图8-85所示。

图8-84

图8-85

> **提示** 蒙版路径要根据实际情况来设置,其他画面中图层效果都是从无到有的效果,读者可以查看源文件来参考学习。

8.2.3 花木兮舍Logo动效

　　这是一个花店的Logo,主要图形类似一个花的形状,外围带有一些装饰文字,可以为其整体制作花朵逐渐盛开的效果。因为图形是由线条绘制而成的,所以可以用"修剪路径"来实现此效果。具体效果如图8-86所示。

图8-86

01 在Illustrator中将图层整理好,要单独延伸开的线条都要作为独立的图层存在,将其释放到图层,结果如图8-87所示。

图8-87

02 将Illustrator中的文件导入After Effects,并将图层转换为After Effects的形状图层。
03 调节"图层8"的线条,让其由中间向左右两边逐步呈现,为"图层8"添加"修剪路径"。因为想由中间开始变化,所以在0秒时该图层的"开始"属性和"结束"属性的数值都应为50%,在20帧时将"开始"属性设置为100%,"结束"属性设置为0%,这样才能实现图8-88所示的由中间向左右两边逐步变化的动画效果。

图8-88

04 当下方的线条完全呈现后,内部的花的线条逐一呈现,先显示中间的线条,然后显示上面的线条。图形上方有一个小圆形作为点缀,可以为这个圆形添加闪烁效果。为圆形的"缩放"属性添加关键帧,让其快速地放大、缩小并闪烁呈现,如图8-89所示。

图8-89

05 接下来是对剩下的辅助信息进行处理。可以为剩余图层的"不透明度"属性添加关键帧,让它们逐步显示。对于中文左右两边的装饰线条,可以为它们添加"修剪路径",并为它们的"开始"属性和"结束"属性添加关键帧,如图8-90所示。静帧效果如图8-91所示。

图8-90

图8-91

8.2.4 汪星人Logo动效

这个Logo是以小狗的图案为主进行设计的,整体是一个对称图形,风格偏卡通。可以先让左侧的小狗图案出现,右侧的小狗图案由左侧图案3D旋转而成,当对称的图形出现之后再让骨头出现,最后出现英文信息。具体效果如图8-92所示。

图8-92

01 在Illustrator中将后期想要单独制作动效的图形进行拆分,如图8-93所示。小狗图案还要再细致拆分成身体、腿和耳朵等。

图8-93

02 把Illustrator中的文件导入After Effects,先来制作左侧小狗的动画效果。左侧小狗可以分为"左侧整体""左脚""左侧耳朵"3个图层。先为"左侧耳朵"图层的"缩放"属性添加关键帧,缩放到"100%"之后为"旋转"属性添加关键帧,当耳朵旋转到最终位置时,"左侧整体"图层和"左脚"图层也同时出现,并同步旋转到最终位置。在20帧时左侧的小狗全部呈现,如图8-94所示。

图8-94

03 为3个图层添加预合成并命名为"左侧小狗",对预合成整体的"旋转"属性添加关键帧。先调节预合成的"锚点"位置,把中心点设置为图8-95所示的小狗的右下角,然后为"旋转"属性添加关键帧,让其整体左右晃动几次后停止,这时才正式完成了左侧小狗的动画效果制作。

图8-95

04 将"右侧整体""右脚""右侧耳朵"3个图层合并为一个预合成并命名为"右侧"。然后单击此预合成的"3D图层"按钮,为其"Y轴旋转"属性添加关键帧,旋转之前该图层与"左侧小狗"图层重合,旋转之后移动到右侧,如图8-96所示。

图8-96

05 将中间的"骨头"图层显示出来,图层的"锚点"为骨头的中心点,并为"旋转"属性添加关键帧,让骨头进行左右摇摆,然后停止;为关键帧添加"缓动"效果,让骨头运动得更自然,如图8-97所示。

图8-97

06 为剩下的英文部分添加一个矩形蒙版,然后为蒙版路径制作动画,为右侧的小骨头装饰添加"缩放"属性的关键帧,为所有关键帧添加"缓动"效果,如图8-98所示。

图8-98

07 选中所有图层后添加预合成，在所有动效制作完成后，为最后的预合成的"缩放"属性添加关键帧，如图8-99所示。静帧效果如图8-100所示。

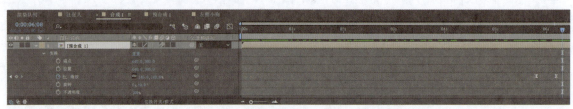

图8-99

图8-100

8.2.5 肆拾捌Logo动效

这是一个餐厅的Logo，整体风格偏日式，不需要添加过于复杂的效果。具体效果如图8-101所示。

图8-101

01 对需要单独制作动画的部分进行图层拆分，如图8-102所示，然后将Illustrator中的文件导入After Effects，并将图层转换为形状图层。

02 观察Logo图形，发现它是由一个圆形、3个半圆形和两组交叉线组合而成的，可以先画3个圆形，并为它们制作动画，使它们逐一出现，然后消失，再由实心圆过渡到描边圆。

图8-102

03 为3个圆形添加遮罩,并调整它们的"缩放"属性的值,使它们逐步显示,然后再修改"缩放"属性的值,让它们最终全部消失,效果及关键帧如图8-103所示。

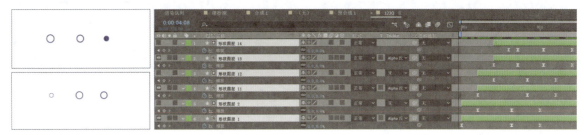

图8-103

04 前置效果结束后,半圆形开始出现,利用"缩放"属性来呈现出一个带描边的圆形,然后为此图形添加"修剪路径"。当"开始"属性的数值为50%时,就会出现半圆形,如图8-104所示。

图8-104

05 左侧半圆形出现后,右侧半圆形先与左侧半圆形重合,然后略微向右移动。最后它们整体向上移动复制出第3个半圆形(中间位置),关键帧如图8-105所示。

图8-105

06 接下来为两组交叉线制作动画。上方的交叉线通过控制其"路径"属性进行呈现,然后下方的交叉线通过"位置"属性的移动,由上方交叉线的位置移动到下方交叉线的最终位置上。通过添加"缩放"属性的关键帧使右上角的圆形逐步出现,如图8-106所示。

图8-106

07 为文字部分对应的图层设置"位置"和"不透明度"关键帧以实现最后的动画,如图8-107所示。

图8-107

08 为所有关键帧添加"缓动"效果，并调节动画曲线，如图8-108所示。静帧效果如图8-109所示。

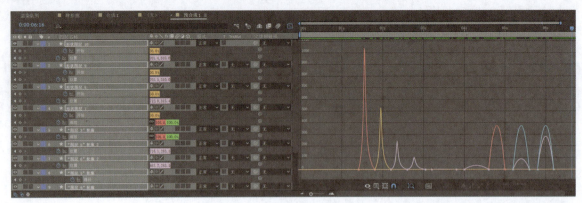

图8-108

图8-109

8.3 UI动效

UI动效可以增加产品的趣味性和亲和力，有效地拉近与用户的距离。但是UI动效制作要适度，UI动效并不是越多越好。

8.3.1 区域列表

为区域列表制作动态效果，使每一个区域按顺序滑动到指定位置。具体效果如图8-110所示。

图8-110

01 打开设计文件，UI（用户界面）大多是用Photoshop绘制的，在绘制过程中为了更清晰地分层，可能会编很多组，如图8-111所示。PSD文件的信息特别多，如果不经整理直接导入After Effects，会给动效的制作带来很多麻烦，也不便于分清图层。因此需要在Photoshop中对图层进行整理，处理后的图层如图8-112所示。

图8-111　　　　　　　　　　　　　　图8-112

02 将PSD文件导入After Effects，然后将不需要制作动效的图层进行锁定，如图8-113所示，这样可以防止误操作。

图8-113

03 这里希望界面中的4个区域逐一有节奏地向上移动，因此需要为这4个图层的"位置"属性添加关键帧，使其在大概1秒的时间内从画面外部逐步运动到最终位置。为了使移动过程更自然、更有节奏感，需要将这4个图层的"开始"时间相应地错开，不能同时运动，也不能一个一个地依次运动，而是要有节奏地同步错位运动，如图8-114所示。为所有关键帧添加"缓动"效果，然后调整图表编辑器中的动画曲线，让画面更自然，如图8-115所示。静帧效果如图8-116所示。

图8-114

图8-115

图8-116

8.3.2 数据可视化

数据可视化的目的是使读者更直观地看到数据的变化,本小节为图表中的两条曲线制作动效,如图8-117所示。

图8-117

01 这个动效主要是想让图表中的两条曲线进行运动,从而让读者更直观地看到数据的变化和起伏,所以可以直接将红色线条和绿色线条分为两个图层,如图8-118所示。

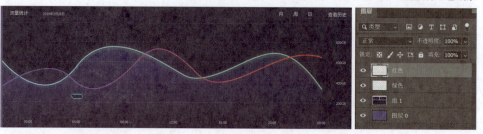

图8-118

02 设置红色线条的动效。为红色线条绘制一个蒙版,选择"相加"模式。在0秒时蒙版路径在开始的位置,此时画面中是看不到线条的,所以在开始的位置也看不见红色线条。在1秒时将蒙版路径适当向后移动,这时可以看到全部的红色线条。这样红色线条就开始运动了,效果和关键帧如图8-119所示。

图8-119

03 为关键帧添加"缓动"效果,并调整图表编辑器中的速度曲线,如图8-120所示。

图8-120

04 设置绿色线条的动效。为绿色线条绘制一个蒙版,选择"相加"模式。为了让两根线条的运动都有节奏感但又不会同时开始和结束,所以要在红色线条出现一小部分时,让绿色线条逐步出现,可以在5帧时为绿色线条的"蒙版路径"属性添加关键帧,绿色线条的运动总时长和红色线条的运动总时长都是1秒。图8-121所示为当红色线条运动到接近结束位置时,绿色线条刚刚运动到1/2处,这样两者就有一个错开的效果。

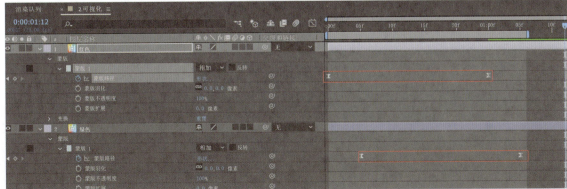

图8-121

05 同样为绿色线条的关键帧添加"缓动"效果,"红色"和"绿色"图层的"蒙版路径"属性的速度曲线对比如图8-122所示。静帧效果如图8-123所示。

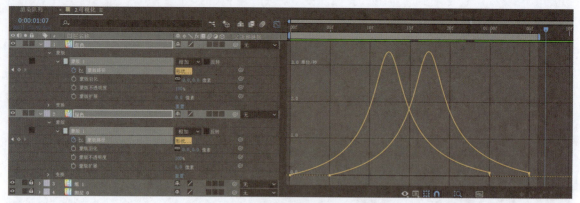

图8-122

图8-123

8.3.3 转场动画

在UI交互中，转场动画是必不可少的。常见的UI交互场景为用户单击某个命令按钮后，从当前界面跳转到另一个界面，画面要过渡得流畅、自然。具体效果如图8-124所示。

图8-124

01 既然涉及转场，那么至少需要用到两个界面。第1个界面如图8-125所示，当单击Banner中"学UI设计"按钮时，跳转到新的界面。"学UI设计"这个图层要单独分出来，因为后面要单独为它制作动效；"上部"图层是不变的界面；"下部"图层是底部信息，也是不会变的；"图层0"图层是一个白色的纯色图层，在转场的时候该图层也不会变化；"精品课程1"图层是后续要渐隐消失的图层，所以要单独作为一个图层。

02 接下来整理第2个界面。因为"上部""下部"和"图层0"图层在第1个界面中都整理好了，所以在第2个界面中只需要整理新内容即可，一共有5个部分，单独分5个图层出来，如图8-126所示。注意，重复内容需要删除，保留透明图层即可。

第8章 商业应用

图8-125

图8-126

03 因为在制作转场动画时要将Banner中"学UI设计"进行放大,所以最好提前导出一个高清大图,以免放大后图像变得模糊。

04 将第1个界面的PSD文件导入After Effects,然后把之前存好的高清大图导入,并用其替换"学UI设计"图层。为"高清大图.png"图层的"缩放"属性和"位置"属性添加关键帧,让它动态放大,并移动到新界面的合适位置,如图8-127所示。

图8-127

05 要有人单击画面才会发生转场,所以要绘制一个圆形来模拟单击效果,为圆形的"缩放"属性和"不透明度"属性添加关键帧,在圆形放大的同时将"不透明度"降低为0%,此时"学UI设计"小Banner也会放大,如图8-128所示。

图8-128

06 为"精品课程1"图层的"不透明度"属性添加关键帧,让其在"学UI设计"变大的同时逐渐消失,如图8-129所示。

图8-129

07 当第1个界面的主背景元素消失后,第2个界面的图层要逐步显示。导入之前整理好的第2个界面的PSD文件,它是一个预合成,双击预合成,在内部把两个界面动效做好。第2个界面的出现不能让人感到生硬,选择全部图层并调出"位置"属性,然后为"位置"属性添加关键帧。注意,多个模块不能同时运动,要间隔一定时间,才会让动画更自然,如图8-130所示。

图8-130

08 为关键帧添加"缓动"效果,打开图表编辑器,对图层的速度曲线进行调整,如图8-131所示,让整体更有节奏感、更自然。

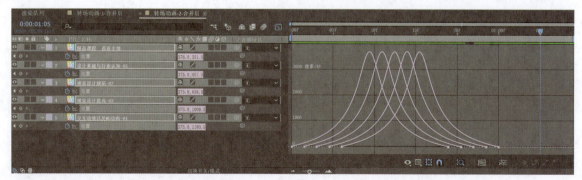

图8-131

09 调整预合成的出场位置即可完成转场动画的制作。想让动画效果更生动，可以为动画加一个样机。将样机图片导入After Effects并新建合成。将之前制作好的转场动画的图层全部选择并添加预合成，将预合成放到新建的带有样机的合成中。在"效果和预设"面板中找到"扭曲>边角定位"，为预合成添加此效果，如图8-132所示。

图8-132

10 在"效果控件"面板中分别设置"左上""右上""左下""右下"这4个点为样机的4个角，这里可以直接选择"边角定位"效果中的数值左侧的方框，然后单击右侧图中的对应位置，如图8-133所示。设置好后直接进行预览，可以看到转场动画在样机中的效果，如图8-134所示。

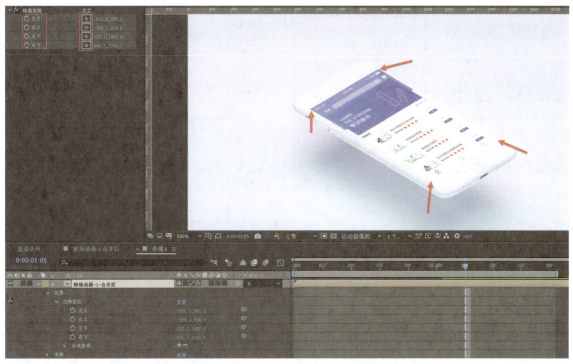

图8-133

图8-134

8.3.4 抖动转场动画

在转场动画中加入抖动效果,可以让画面更真实。具体效果如图8-135所示。

图8-135

01 这里要用到多个界面,这些界面以卡片为主,所以可以在一个PSD文件中设置多个卡片图层,图8-136所示为第1个画面,让它单独为一个图层即可。然后将其他卡片图层和背景图层分层,如图8-137所示。将PSD文件导入After Effects。

图8-136　　　　　　图8-137

02 单击"搜索"按钮后画面进行转场,所以需要绘制一个圆形来模拟单击效果。为圆形的"缩放"属性和"不透明度"属性添加关键帧,使这个圆形在放大的同时不透明度逐渐降低,直到消失,如图8-138所示。

图8-138

03 "搜索"按钮被单击后界面跳转到紫色背景的画面,可以为紫色背景所在的图层添加蒙版,然后让蒙版逐步扩展到新画面。蒙版位置在"搜索"按钮被单击位置,并为"蒙版扩展"属性添加关键帧,然后逐步增加"蒙版扩展"属性的值,让紫色画面全部呈现,第1张卡片也要同时呈现出来。为"卡片1"的"不透明度"属性添加关键帧以实现此效果,如图8-139所示。

图8-139

04 其他卡片要重叠显示,为界面下方的"×"的"不透明度"属性添加关键帧,让"×"显示出来,如图8-140所示。

图8-140

05 绘制一个圆形来模拟手的滑动过程，为圆形的"位置"属性添加关键帧，让其向左滑动，同时第1张卡片也要跟随圆形向左移，并微微倾斜。这时第2张卡片的"位置""不透明度"数值逐渐变大，并逐渐替换掉第1张卡片，如图8-141所示。

图8-141

06 "卡片2"图层替换掉"卡片1"图层时,应该有抖动,这里为其"缩放"属性添加抖动/摆动表达式。按住Alt键单击"缩放"属性前面的"码表"按钮◎,然后输入表达式,如图8-142所示。静帧效果如图8-143所示。

```
amp = 1;
freq = 5.0;
decay = 6.0;
n = 0;
if (numKeys > 0){
n = nearestKey(time).index;
if (key(n).time > time){n--;}
}
if (n == 0){ t = 0;}
else{t = time - key(n).time;}
if (n > 0){
v = velocityAtTime(key(n).time - thisComp.frameDuration/10);
value + v*amp*Math.sin(freq*t*2*Math.PI)/Math.exp(decay*t);}
else{value}
```

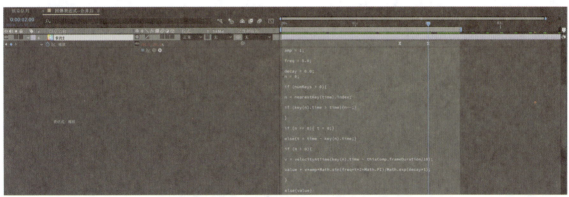

图8-142

图8-143

8.3.5 3D动画效果

3D动画效果如图8-144所示。

图8-144

01 在Photoshop中将不需要制作动画的图层命名为"背景",然后将需要制作动画的图层分别命名为"图片0""图片1""图片2",如图8-145所示。将PSD文件导入After Effects。

02 绘制一个圆形来模拟滑动过程,为其"位置"属性添加关键帧,如图8-146所示。让手指划过卡片一圈,然后停留一下,继续划走,在手指划过一圈后停留时,可以为圆形的"不透明度"属性添加关键帧让其先消失,后续制作动画时再出现。

图8-145

图8-146

03 在手指划过卡片时,卡片应该产生3D效果,单击"3D图层"按钮,为"X轴旋转"属性和"Y轴旋转"属性添加关键帧。当划过第1个位置时,"X轴旋转"属性和"Y轴旋转"属性的数值均为0;当划过最左侧的画面时,卡片要向左侧倾斜;当划过左上角时,"Y轴旋转"属性的数值不变,"X轴旋转"属性数值为0;当划过右上角时,"X轴旋转"属性的数值为-5,"Y轴旋转"属性的数值为0;当划过右下角时,可以用两个关键帧来控制卡片的倾斜,让其更自然;划过一圈后,"X轴旋转"属性和"Y轴旋转"属性的值为0,同时圆形的"不透明度"属性的值为0%。具体参数如图8-147所示。

第8章 商业应用

图8-147

> **提示** 圆形的路径对应卡片的动效,先设置好圆形的路径,然后设置对应的卡片的动效。

04 为了让3D效果更真实,可以在"效果和预设"面板中找到"透视 > 投影",为卡片添加此效果,将"方向"设置为135°,"不透明度"设置为50%,"距离"设置为9,"柔和度"设置为20,这里不需要设置关键帧,因为阴影效果一直存在。具体参数如图8-148所示。

图8-148

05 画面停留一段时间后,向左划动卡片,划动时圆形变大,不透明度增加;当卡片划到合成外后,圆形的"不透明度"数值为0。划动时卡片快速地向左移动并产生运动模糊效果,要将"运动模糊"的开关按钮 以及"运动模糊"的总开关按钮 打开,卡片的移动效果和圆形的关键帧设置如图8-149所示。

图8-149

06 第1张卡片划走的同时,第2张卡片逐渐移动到第1张卡片原来所在的位置,在这个过程中,第2张卡片要进行3D旋转。在开始移动时,第2张卡片的"X轴旋转"属性的值为5,"Y轴旋转"属性的值为-8;当卡片移动到中心位置,也就是最终要停留的位置时,卡片的"X轴旋转"属性和"Y轴旋转"属性的值均为0,即停止3D旋转,如图8-150所示。这样可以使画面的空间感更强。

图8-150

07 在"位置"属性上添加抖动/摆动表达式,如图8-151所示,让卡片在到达最终位置后产生回弹效果。静帧效果如图8-152所示。

```
freq = 3;
decay = 13;
n = 0;
if (numKeys > 0){
 n = nearestKey(time).index;
 if (key(n).time > time) n--;
}
if (n > 0){
 t = time - key(n).time;
 amp = velocityAtTime(key(n).time - .001);
 w = freq*Math.PI*2;
 value + amp*(Math.sin(t*w)/Math.exp(decay*t)/w);
}else
 Value
```

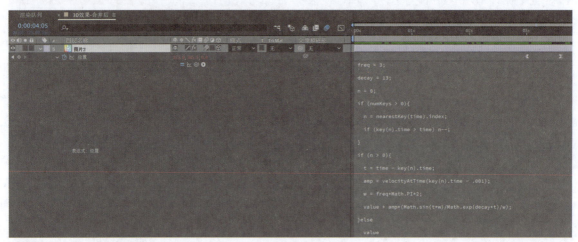

图8-151

图8-152

8.4 海报动效

动态海报具有更强的艺术感染力和视觉冲击力,本节将介绍制作动态海报的方法。

8.4.1 文字拉伸动态海报

文字拉伸动态海报的效果如图8-153所示。

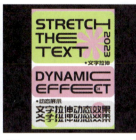

图8-153

01 在Illustrator中将整个画面进行拆分,并将后续需要单独制作动效的图层分开,因为图层比较多,所以可以对各个图层进行命名,如图8-154所示。

图8-154

02 将Illustrator中的文件导入After Effects,并将所有图层转换为形状图层。对英文部分制作拉伸效果。找到第1行英文所在的图层,展开属性"内容>组1>路径1>路径",选中"路径",框选第1行的全部英文,如图8-155所示。因为英文字母很多,路径组也多,所以要先选中其中一个,再框选整体,这样就可以将所有带字母的"路径"属性都选中。为"路径"属性添加关键帧,并选中对应图层,按U键,打开有关键帧的所有属性,如图8-156所示。

图8-155 图8-156

03 将时间指示器放到15帧的位置，然后改变画面中英文路径的位置。在1秒5帧时将关键帧的数值调到和0秒时一致，这样就形成了一个循环的动画。对其他图层的英文也进行上一步的操作，如图8-157所示。画面中的"'STRETCH'轮廓"图层在英文运动过程中会被挡住，所以可以为它添加一个遮罩，并为遮罩的"位置"属性添加关键帧，实现当英文被拉伸时"'STRETCH'轮廓"图层隐藏；当英文恢复正常形态时，"'STRETCH'轮廓"图层显示的效果，如图8-158所示。

图8-157　　　　　　　　　　　　　图8-158

04 下方的中文分为3层，为下面两层制作位移动画，从3层文字重合，到3层文字散开，中间间隔了15帧；为关键帧添加"缓动"效果，如图8-159所示。

图8-159

05 接下来为画面中的花制作旋转动画。在0秒时为花的"旋转"属性添加关键帧，然后在0:00:01:05时设置"旋转"属性的值为1x+0.0°，即小花正好旋转360°，如图8-160所示。

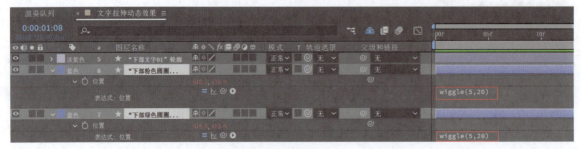

图8-160

06 为底部的两个小球添加抖动/摆动表达式"wiggle(5,20)"，表示抖动的频率为5，振幅为20，如图8-161所示。

图8-161

07 为所有关键帧添加"缓动"效果，并调节动画曲线，如图8-162所示。静帧效果如图8-163所示。

图8-162

图8-163

8.4.2 路径文字效果海报

路径文字效果比较常用，在制作动态海报时经常会用到。使用路径文字效果，可以使海报画面更生动。具体效果如图8-164所示。

图8-164

01 在Illustrator中将需要制作动效的画面逐一分层,并设置好图层名称,如图8-165所示。

02 将Illustrator中的文件导入After Effects,并把路径图层转换为形状图层。这里不需要转换其他图层,可以删除英文原图层,并在After Effects中输入对应的英文,将不需要制作动效的背景图层锁定,如图8-166所示。

图8-165　　　　　　　　　　　　　　　　　　图8-166

03 选中英文文字图层,为其绘制一个开放的蒙版路径(希望文字在什么样的路径上运动,就绘制什么样的线条)。找到"文本>路径选项>路径",将"路径"属性修改为"蒙版1",这样画面中的文字就被放在了画好的蒙版路径上,如图8-167所示。

图8-167

> **提示** 输入英文时正常横向输入即可,为其设置好开放的蒙版路径后,文字就会排列在路径上。

04 为文字图层的"首字边距"属性添加关键帧,要制作路径动画,仅仅有一段英文是不够的,要将此段英文复制,并将其粘贴在路径右侧,这样画面才可以过渡得更顺畅。在0秒时调整"首字边距"的数值,直到画面中可以正常呈现英文信息为止;在3秒时继续调整"首字边距"的数值,直到第2次英文字母呈现的画面与0秒时重合为止(没有具体数值要求,一切以画面为准)。用相同的方法为另外一个文字图层制作路径文字效果,最终画面和关键帧如图8-168所示。

图8-168

05 为画面中的路径添加"修剪路径",并为图层的"开始"属性和"结束"属性添加关键帧,让画面中的路径由无到有再到无,不断循环,可以复制一个路径,将其放在画面中偏后的位置,让两个路径结合,完成整个动效的制作,如图8-169所示。

图8-169

06 为所有图层带关键帧的属性添加"缓动"效果,让画面更加自然,如图8-170所示。静帧效果如图8-171所示。

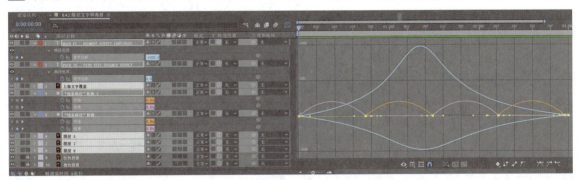

图8-170

图8-171

8.4.3 数字滚动效果海报

使用"修剪路径"和数字滚动效果可以制作出独特的动效。数字滚动效果可以应用在任何画面上,可使画面中的数字进行滚动,然后呈现出最终的数字。具体效果如图8-172所示。

图8-172

01 在Illustrator中把后期要单独制作动效的图层拆分出来,并释放到图层,如图8-173所示。

图8-173

02 将Illustrator中的文件导入After Effects,并将路径图层转换为形状图层。

03 为画面中最长的路径制作动画效果,让其从无到有地进行呈现。为"'图层9'轮廓"添加"修剪路径"并为其"开始"属性添加关键帧,让"开始"属性的数值在0秒到1秒15帧内由100%变化到0%。画面的变化和关键帧如图8-174所示。

图8-174

04 为右下角的数字制作滚动呈现的效果。可以先删除原Illustrator中的"2023"数字图层,因为后续要用4个图层来做4个数字的动画。输入一个数字"0",然后为"源文本"属性添加表达式"n = "1234567890";n.repeat(2)"(表示设置一个变量n,为它赋予从1到0这些数字,并且重复两遍),然后在该图层上面绘制一个矩形,作为遮罩,将图层大小设置为4个数字的大小即可;适当调节遮罩图层的"模糊度"属性的数值,让其过渡得更自然,如图8-175所示。

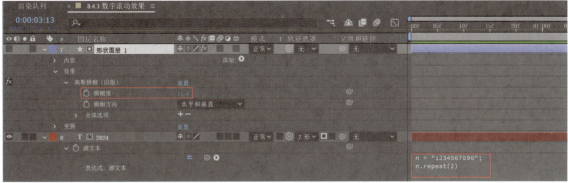

图8-175

05 将数字图层移动到合适的位置,并为其"位置"属性添加关键帧,让画面由一个随机的数(可以自己定义初始的数值)变到数字"2",如图8-176所示。

图8-176

06 用相同的方法为其余3个数字制作滚动效果，这里可以设置不同的初始数字，让画面更随机，但结束时的4个数字仍然为2023，如图8-177所示。

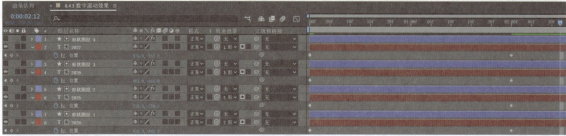

图8-177

07 为所有关键帧添加"缓动"效果，并调节动画曲线，如图8-178所示。静帧效果如图8-179所示。

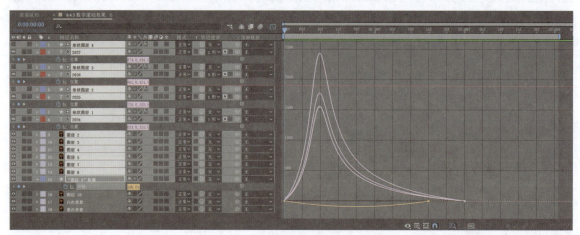

图8-178

图8-179

8.4.4 "光束"效果海报

"光束"效果主要用来绘制光线,在海报制作中常用于连接不同图层等,可以配合父子级关系,让画面产生更多的变化,具体效果如图8-180所示。

 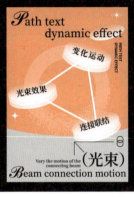  

图8-180

01 在Illustrator中将图形进行分层,可以先删除线条部分,后期在After Effects中利用"光束"效果来绘制线条即可;每组文字和文字下方的色块可以组合在一起,无须拆开,因为后期会一起进行处理。图层分好后如图8-181所示。

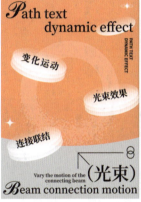 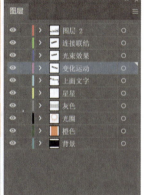

图8-181

02 将画面中的3个部分用线条两两连接。新建一个白色的纯色图层,然后在"效果和预设"面板中搜索"光束",如图8-182所示。将"光束"效果添加到纯色图层上,此时会发现纯色图层中出现了红色线条效果,调节"光束"效果的各个属性,如图8-183所示。

图8-182

 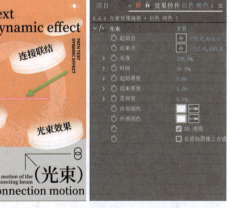

图8-183

> **提示** "起始点"和"结束点"分别表示线条的开始和结束位置(以"锚点"位置为准),"长度"表示线条的长短;"起始厚度"和"结束厚度"分别表示线条开始位置和结束位置的粗细程度,"柔和度"表示线条的柔和程度,"内部颜色"和"外部颜色"分别表示线条的内外颜色(如果想让其内外颜色一致,就将"内部颜色"和"外部颜色"设置为相同的颜色)。

03 将"变化运动"图层和"光束效果"图层进行连接。为了保证后续图层移动时线条也可以跟随移动,用父子级连接的方式设置"光束"效果的"起始点"和"结束点"。将纯色图层中的"起始点"连接到"光束效果"图层的"位置"属性上,将纯色图层中的"结束点"连接到"变化运动"图层的"位置"属性上,如图8-184所示。

图8-184

04 这时可以发现在"光束效果"和"变化运动"之间有一条线(如果线条过长或者过短,可以调节"长度"属性的数值),选中纯色图层并连续按两次E键,可以显示出已经添加的表达式(父子级连接就是以表达式的方式设置的,虽然没有输入表达式,但是进行父子级连接后系统会自动生成表达式),此时可以看到具体是哪个属性连接的哪个图层,如图8-185所示。

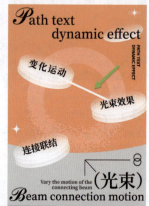

图8-185

05 对剩下的两根线条也用同样的方法进行操作,注意"起始点"和"结束点"连接的图层不同,如图8-186所示。

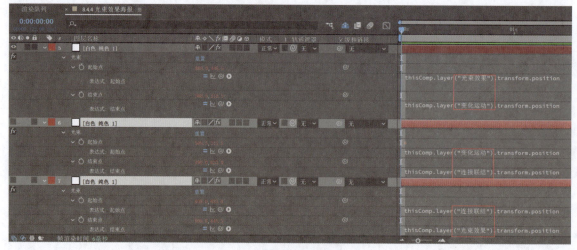

图8-186

06 为"连接联结""光束效果""变化运动"这3个图层的"位置"属性添加关键帧,可以每隔15帧进行一次变化,建议手动移动位置,以保证每次变化后三者都在不同位置;使最后一帧的关键帧画面和第1帧画面保持一致,如图8-187所示。

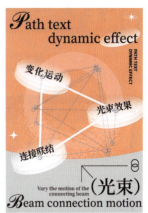

图8-187

07 为所有关键帧添加"缓动"效果,并适当调节动画曲线,这里可以把两个调节手柄向内拉到最大值,这样画面过渡时会有一个停顿,整体效果会更好,如图8-188所示。静帧效果如图8-189所示。

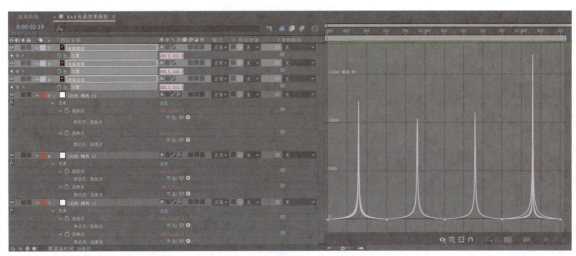

图8-188

   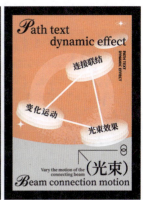

图8-189

8.4.5 "湍流置换"效果海报

"湍流置换"效果海报主要由背景和运动的主体元素构成,为背景添加"湍流置换"效果可以使背景不单调。具体效果如图8-190所示。

 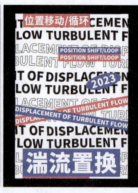 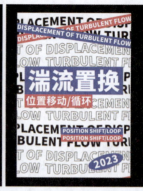 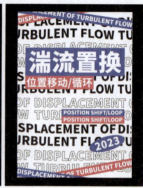

图8-190

01 在Illustrator中对要制作动画的图形元素进行整理并分层,如图8-191所示。注意,整理好之后一定要释放到图层并保存。

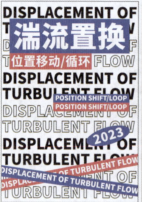 

图8-191

02 将Illustrator中的文件导入After Effects,并将背景的文字转换为形状图层,以便后期的编辑操作。为形状图层的"位置"属性添加关键帧,让纯描边和纯填充的字母分开,然后让它们交替运动,并为关键帧添加"缓动"效果,让画面过渡得更自然,如图8-192所示。

图8-192

第8章 商业应用

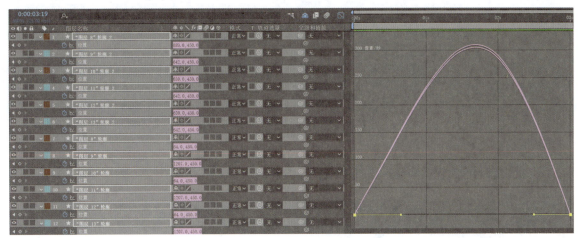

图8-192（续）

03 选中所有英文字母图层，为它们添加预合成，并命名为"预合成1"，为"预合成1"添加一个矩形蒙版，让两边多余的字母不再显示。在"效果和预设"面板中找到"湍流置换"效果，为"预合成1"添加此效果；调整"湍流置换"效果的参数，使画面产生不同的变化，最后为"演化"属性设置关键帧，使画面旋转一圈即可，如图8-193所示。

图8-193

> **提示** "数量"属性的数值越大，画面扭曲程度越大；"大小"属性的数值越大，画面距离边缘越远；"偏移（湍流）"属性用于设置偏移中心点；"复杂度"属性的数值越大，画面内的元素边缘越弯曲；"演化"属性一般用来设置关键帧，让画面产生运动效果。

04 全选蓝色和红色背景上层的文字和色块，并进行预合成操作，将其命名为"预合成2"，然后复制"预合成2"，如图8-194所示。

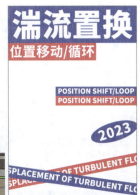

图8-194

175

05 将两个"预合成2"上下排列,并为两个"预合成2"的"位置"属性添加关键帧,让其向上移动,如图8-195所示。注意,操作完成后需要选中两个"预合成2"并再次创建预合成,将其命名为"预合成3"。

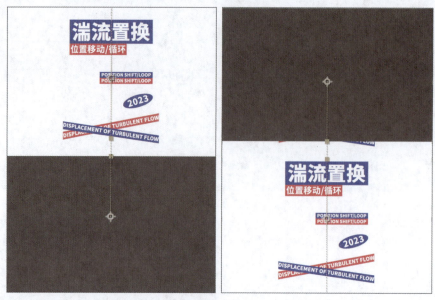

图8-195

06 为"预合成3"添加蒙版,让海报画面外的元素不显示,如图8-196所示。静帧效果如图8-197所示。

图8-196

图8-197

8.4.6 虚拟环境动效海报

虚拟环境的动效海报整体采用渐变色进行设计，以体现虚拟的感觉。主标题在排版时没有采用常规的横向或者纵向排版，而是采用某个文字突出并倾斜的方式。辅助信息的增加让画面更加丰富，多重颜色的渐变让画面的网格布局更为明显。具体效果如图8-198所示。

图8-198

01 在Illustrator中进行分层，把需要单独处理的图层拆分开，因为背景为渐变色，在After Effects中直接转换成形状图层会出现渐变色变为黑色的情况，所以可以在After Effects中直接对整个渐变背景进行编辑。拆分好的图层如图8-199所示。同样，不要忘记释放到图层，然后保存文件。

图8-199

02 将Illustrator中的文件导入After Effects，因为画面中有带渐变色的背景，所以就不将图层转换为形状图层了，直接对图层进行编辑即可。

03 画面从纯绿色背景开始，逐步呈现多层的渐变色。可以把带渐变色的背景和绿色背景进行预合成，然后在预合成中单独设置它们的出现时间。在开始时应该为几个渐变图层的"位置"属性添加关键帧，并将它们移动到画面外，要尽量有规律一些，不要为了方便整理而将它们都放在同一侧。可以将顶部的矩形移动到左侧，第2行的矩形移动到右侧。将左下角的矩形移动到海报下方，将右下角的矩形移动到海报上方。经过一段时间后，让它们各自移动到海报中的最终位置。大致过程及关键帧参数如图8-200所示。

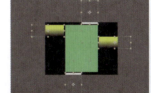

图8-200

> **提示** 不能让4个矩形在同一时间开始运动，或在同一时间结束运动，应使它们尽量错开时间运动，这样的效果才会自然。

04 当渐变背景出现后,让主标题开始出现,主标题由4个字组成,分别为它们制作效果。对于"虚"和"拟"两个字,可以分别为它们的"缩放"属性添加关键帧。"环"字是倾斜的,让它先以正常形式从上到下地出现,到最终位置后再进行旋转,所以要为它的"位置"属性和"旋转"属性添加关键帧。对于"境"字和符号,让它们从左侧移动到右侧,所以要为它们的"位置"属性添加关键帧。另外,要注意时间顺序,"虚"和"拟"可以同时缩放出现,在它们出现后让"环"从上到下移动并旋转,最后让"境"字和符号移动出现;为所有关键帧添加"缓动"效果。示意效果和参数设置如图8-201所示。

图8-201

05 在主标题出现的同时,两处英文信息也要同步出现,可以为大英文信息制作缩放动画,取消"约束比例",为"缩放"属性添加关键帧,如图8-202所示。小英文信息可以在大英文信息即将全部展开时直接出现。如果两个部分同时出现,画面会比较乱,主次不清晰,所以为大英文信息制作缩放动画,再让小英文信息在合适的时间直接出现。

图8-202

06 因为主标题中的"境"字是从左到右出现的,所以海报中的时间信息可以从右到左出现。当时间信息运动到目标位置后,让海报底部的文字从下至上出现。最后为关键帧添加"缓动"效果。效果和参数设置如图8-203所示。

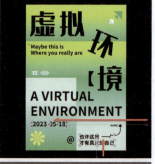

图8-203

07 为海报左下角的装饰花的"缩放"属性和"旋转"属性添加关键帧，让装饰花缩放出现，当它出现之后使它一直旋转到结束，旋转速度不要过快，因为这个图形在海报中仅起装饰的作用，让它慢慢旋转就可以，过快会太抢眼，建议大概2秒旋转360°，如图8-204所示。

图8-204

08 为所有关键帧添加"缓动"效果，并调节动画曲线，如图8-205所示。静帧效果如图8-206所示。

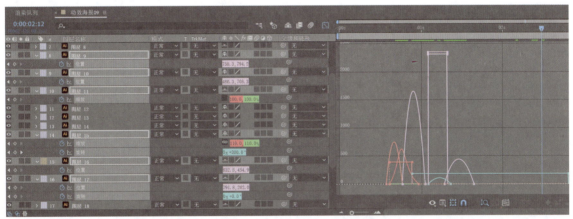

图8-205

图8-206

8.4.7 三维旋转海报

在After Effects中可以通过添加效果使画面中的二维元素呈现出三维的效果，以增强画面的空间感和立体感。具体效果如图8-207所示。

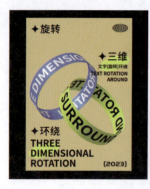 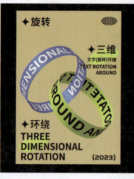 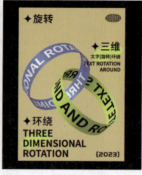 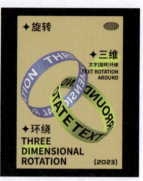

图8-207

01 在Illustrator中对文件进行分层整理，将需要单独制作动画的部分分为单独的图层，如图8-208所示。同样，整理好图层后释放到图层，并进行保存。注意，英文信息可以先删除，后期在After Effects中直接输入；环形部分可以暂时保留，后期在After Effects中进行位置的对比后再删除。

02 将Illustrator中的文件导入After Effects。

图8-208

03 新建一个合成，命名为"合成1"，保持合成的尺寸和导入的Illustrator文件的尺寸一致，然后在"合成1"中新建纯色图层（纯色图层的颜色为最终画面中环形的颜色），调节纯色图层的高度（这个高度决定了最终画面中环形的高度）；在纯色图层上输入英文信息，如图8-209所示。

图8-209

04 回到最初的"8.4.7 三维旋转"合成中，将"合成1"放入其中，然后在"效果和预设"面板中找到"CC Cylinder"效果，为"合成1"添加此效果，接着调整相应属性的值，直到画面呈现出想要的结果为止，如图8-210所示。

图8-210

05 为"Rotation Y"属性添加关键帧,也就是让y轴旋转,这样画面中的文字就会进行三维旋转,并为关键帧添加"缓动"效果。新建一个合成,命名为"合成2",进行同样的操作,这样就得到了两个环形的三维旋转效果,如图8-211所示。

图8-211

06 现在这两个环形是上下重叠的关系,并没有嵌套在一起,所以还需要进一步的调整。"CC Cylinder"效果的"Render"属性中有3个选项,"Full"表示完整地显示,"Outside"表示只显示外部,"Inside"表示只显示内部。分别将"合成1"和"合成2"复制一层,然后将4个合成分别设置为内部显示和外部显示,并调整图层顺序,即可得到想要的效果,如图8-212所示。静帧效果如图8-213所示。

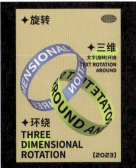

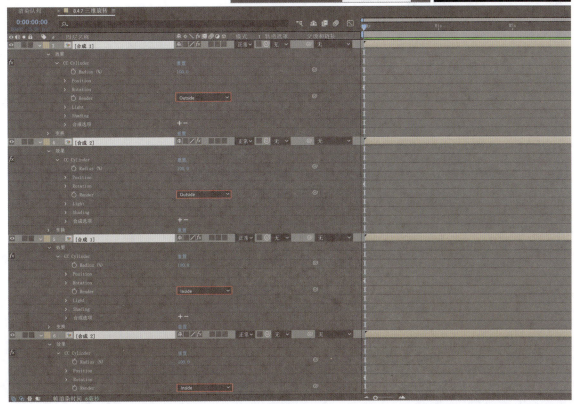

图8-212

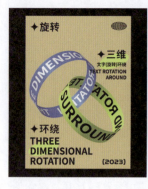 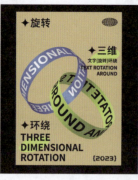 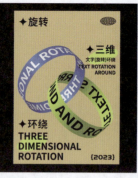 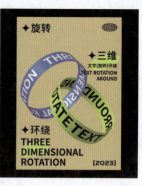

图8-213

8.4.8 "时间置换"效果海报

"时间置换"效果主要利用黑白灰图像来控制时间的变化,从而得到不同的画面被分割的效果,如图8-214所示。

图8-214

01 在Illustrator中分好文件的图层,如图8-215所示。保存文件并将其导入After Effects。

图8-215

02 将"时间置换"图层转换为形状图层,并进行预合成操作,如图8-216所示。

图8-216

03 双击预合成,单击"目标区域"按钮▢,然后在合成中框选一个目标区域(刚好包围画面中的元素即可),接下来执行"合成>裁剪合成到目标区域"菜单命令,为图层设置由左到右的位移动画(画面中的文字从无到有),如图8-217所示。

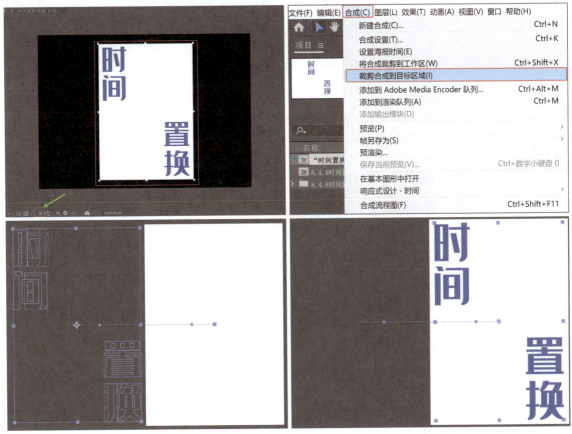

图8-217

04 接下来,将"项目"面板中的"'时间置换'轮廓 合成 1"合成复制一份(可以按快捷键Ctrl+D进行复制),并把复制出的合成名字改为"渐变",然后将"渐变"合成拖曳到"时间轴"面板上,如图8-218所示。

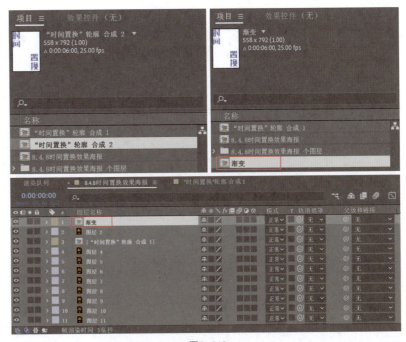

图8-218

05 双击"渐变"合成，将内部元素删除。新建纯色图层，然后在"效果和预设"面板中找到"梯度渐变"效果，为纯色图层添加此效果，该效果有很多属性，用于设置不同的渐变效果。渐变色不同，后续时间置换的效果也不同（记得隐藏"渐变"合成，后续只是引用此合成，不需要实际显示）。具体设置如图8-219所示。

图8-219

06 回到"8.4.8时间置换效果海报"合成，然后在"效果和预设"面板中找到"时间置换"，为"'时间置换'轮廓 合成 1"添加此效果，然后调节"时间置换"效果各属性的值，将"时间置换图层"关联到"渐变"合成上，将"最大移位时间［秒］"设置为0.5，"时间分辨率［fps］"设置为100，如图8-220所示。

07 切换到工作区，这时就可以看到画面中的文字有切割感地进行运动，如图8-221所示。

图8-220　　　　　　　　　图8-221

08 为画面中的小元素制作辅助动画。为"图层10"制作缩放动画，将其微微放大或缩小；将"图层2"的"锚点"位置调到最右侧，然后为它的"缩放"属性添加关键帧（取消"约束比例"），让其逐渐显示，并添加"缓动"效果，让画面先快后慢地呈现，如图8-222所示。静帧效果如图8-223所示。

图8-222

图8-223

8.4.9 单曲循环动效海报

海报整体采用深蓝色和黄色，深蓝色表示夜晚，黄色表示月亮。为了表达在深夜时进行单曲循环的主题，画面中必须包含重复的元素，具体效果如图8-224所示。

图8-224

01 在Illustrator中整理图层，将一排圆形释放为剪切蒙版，以便后期在After Effects中添加蒙版效果。整理好图层后，释放到图层，如图8-225所示。

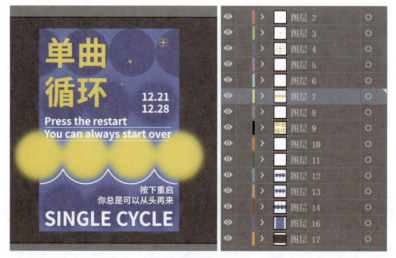

图8-225

02 将Illustrator中的文件导入After Effects。因为其中涉及一些模糊效果,所以可以不将Illustrator图层转换为形状图层,直接用Illustrator中的图层来制作动效。

03 为中间的路径制作动画,让其从无到有地出现,找到路径对应的Illustrator图层,然后单击鼠标右键将其转换为形状图层;执行"添加>修剪路径"菜单命令,为图层添加"修剪路径",并在"结束"属性上添加关键帧,实现路径从无到有,从右侧向左侧逐渐出现的效果,如图8-226所示。

图8-226

04 为黄色圆形的"位置"属性添加关键帧,让其具有从右侧画面外逐步移动到左侧画面内的位置变化效果。为图层添加预合成,这里可以按快捷键Ctrl+Shift+C来实现,因为后面要添加遮罩,所以使用预合成会更方便。在刚刚新建的预合成的上方绘制一个矩形图层,作为预合成的遮罩,这样画面外就不会出现黄色圆形,如图8-227所示。

图8-227

05 处理中间的英文部分,为它的"位置"属性添加关键帧,让其从下到上运动,超出最终位置一点,再下降到最终位置,这样效果会更好。英文的出现应该是一个从无到有的效果,所以可以在英文图层的上方绘制一个矩形作为遮罩,如图8-228所示。为关键帧添加"缓动"效果,这里画面运动速度比较快,所以直接设置缓动曲线即可,无须手动再调节,动画曲线如图8-229所示。静帧效果如图8-230所示。

图8-228

图8-229

  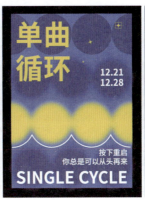 

图8-230

8.4.10 叠加动态效果海报

通过叠加方式形成的效果更加灵活,颜色也更随机,结合位移动画,可以使画面整体更有动感,此效果适用于任何场景。具体效果如图8-231所示。

图8-231

01 在Illustrator中整理图层,将需要单独制作动画的部分作为单独的图层,并释放到图层,然后保存文件,如图8-232所示。

图8-232

02 将Illustrator中的文件导入After Effects。可以将3根纯色线条对应的图层转换为形状图层，其他的图层不需要转换。

03 为3个纯色线条的形状图层制作动态效果，画面变化如图8-233所示。为它们的"路径"属性设置关键帧，让线条来回摆动，并为其关键帧添加"缓动"效果，调节动画曲线，如图8-234所示。

图8-233

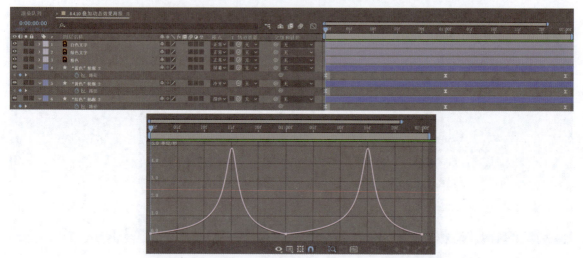

图8-234

04 设置线条交叉处的颜色，这里利用颜色模式来处理。将3根线条进行复制，然后改变图层顺序（不可以把颜色一样的图层挨着放置，一定要错开），如图8-235所示。改变前3个图层的颜色模式，这样线条交叉处的颜色就会有相应的变化，具体参数设置如图8-236所示。

图8-235

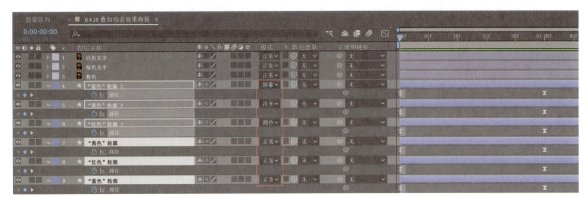

图8-236

> **提示** 颜色模式有几十种，选择不同的颜色模式可以制作出不同的效果。在选择颜色模式时要根据实际情况进行设置，切忌固定设置某个颜色模式。

05 画面中的绿色英文信息是辅助元素，可以为其制作动效，让背景更丰富。为"绿色文字"图层的"缩放"属性设置关键帧，取消"约束比例"，让绿色英文由无到有再到无，并为其关键帧添加"缓动"效果，如图8-237所示。静帧效果如图8-238所示。

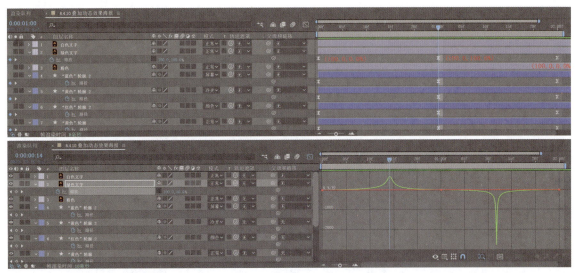

图8-237

图8-238

8.5 提案动效

在设计提案时，可以融入动画效果来丰富提案，从而提高项目过稿率。也可以利用与品牌相关的一些辅助元素制作一个简短的视频作为提案，这样不但可以让甲方更好地了解设计思路，还可以让他们对后面的内容产生兴趣。

8.5.1 糖果包装提案片头动效

本小节针对糖果包装的提案进行片头动画的制作，在开始处可以预留一定的准备时间，然后加入品牌Logo、辅助元素，最终呈现糖果的包装图片，动画制作完成后可以配一个合适的音乐。这是笔者之前做的一个项目案例，里面的插画草稿使用iPad绘制，然后在Illustrator中完成上色。具体效果如图8-239所示。

图8-239

01 草图整体是一个矩形，用线条在内部简单地分割出多个区域，然后在这些区域中绘制一些可爱的元素。糖果主要是小孩子吃得多一些，所以采用了儿童喜欢的可爱风。将草图交给甲方确认没问题后，在Illustrator中上色，同样采用偏可爱、鲜艳的颜色。效果如图8-240所示。

图8-240

02 整体插画绘制好之后，可以提取里面的元素，用来制作横版海报，后续会为这些海报制作动画；同样在Illustrator中为需要制作动画的画面分层。

03 用提取的元素来做海报。第1张以品牌名称为主，加入少量插画元素，背景可以采用英文的填充和描边。第2张海报可以展示插画中的一些卡通元素，例如品牌Logo以及手部元素等。第3张海报采用和第2张相同的形式，但展示的元素不同，它们的作用主要是过渡，以引出后面的包装图片。海报及图层结构如图8-241所示。

第8章 商业应用

图8-241

04 在Illustrator中将文件准备好之后，还要把想放置在片头的包装图片整理好，然后将它们导入After Effects的"项目"面板中，为后续的动画制作准备好素材。

05 接下来开始制作动画。新建一个1920px×1080px的合成，作为最终画面的总合成。新建一个可以放下品牌名称的小合成，为该图层的"位置"属性添加关键帧。将此合成进行复制，摆放在不同的位置，并新建一个纯色图层，为纯色图层添加"色调"效果以调整画面颜色（前期做的英文和背景是黑白的，所以可以统一设置它们的颜色为主色调）。这里可以将整体画面按图8-242所示的效果进行摆放，读者也可以根据自己的想法对画面进行摆放。

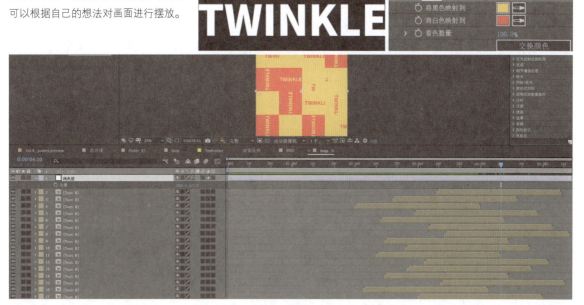

图8-242

06 把之前制作的3个海报放进总合成中，分别设置它们的出现形式。打开第1个海报的合成，画面是红色背景，不需要调整，背景中有很多英文，先让它们处于画面外，可以左右错开摆放，不要5行都排列在一侧。在开始时为它们的"位置"属性添加关键帧，1秒后让背景的英文移动到画面中的最终位置，并为其关键帧添加"缓动"效果，如图8-243所示。

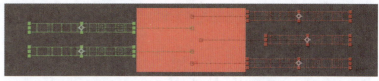

图8-243

图8-243（续）

07 背景英文出现后开始对画面中的辅助元素制作动画。为左上角的圆形的"缩放"属性添加关键帧，让它从0%放大到100%，同时旋转一定角度。对于画面右侧的菱形，可以让其从左侧画面外移动到最终位置。对于左下角的星形图案，可以让其从画面外的右下角逐步移动到画面内部的左下角的位置。对于右侧的椭圆形，可以让其从左上角旋转移动到右下角的位置。路径和关键帧如图8-244所示。

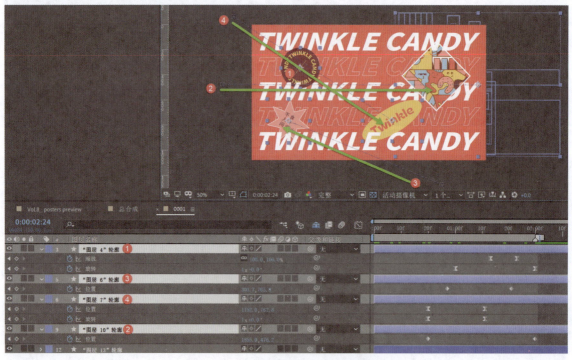

图8-244

> **提示** 画面中一共有4个辅助元素，要让它们之间产生互动，所以在制作动效时不要看哪个元素距离哪边近就放在哪边，而是要看将元素放在什么位置，它们4个的运动会产生一定的关联，这样才能让动画效果更好。

08 打开第2个海报的合成，为背景的色块设置入场动画，让红色色块从右侧向左侧移动，蓝色色块从左侧向右侧移动，而黄色色块是画面中面积最大的色块，可以让它的入场方式与其他色块稍有不同，采用为"缩放"属性添加关键帧的方式使它缩放入场。路径及关键帧如图8-245所示。

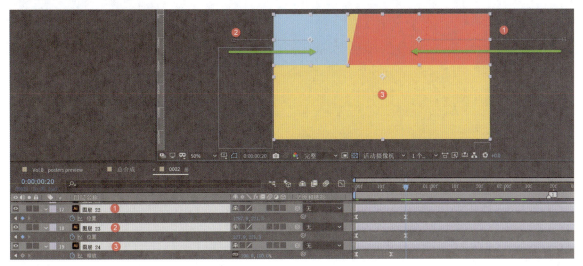

图8-245

09 背景设置好之后看画面的左侧部分，这里有两个元素，可以让左上角的元素从上到下移动，让左侧的机器人元素从左到右移动，如图8-246所示。

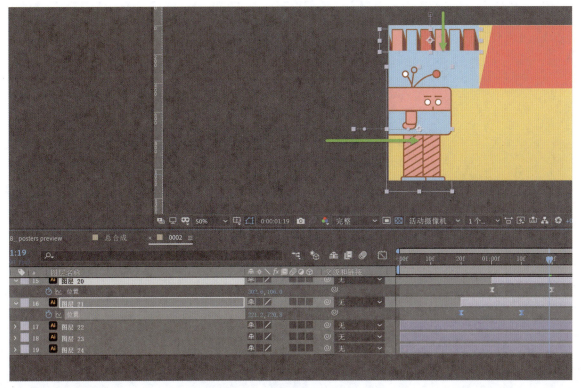

图8-246

10 左侧元素设置好之后设置右上部分的元素。让两个矩形从右侧向左侧移动，最右侧的多个椭圆形元素由下到上移动，小太阳元素通过缩放呈现，并进行旋转。关键帧的位置和图层结构如图8-247所示。

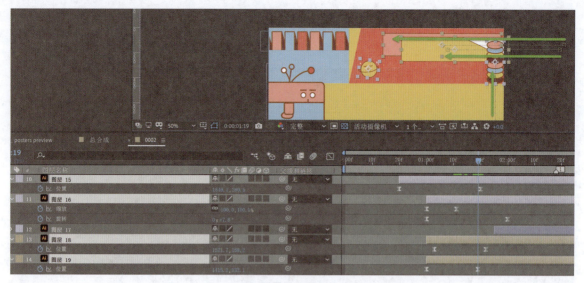

图8-247

11 画面中的其他元素的设置如图8-248所示。右下角的一双手分别从海报下侧和右侧进入画面,然后做鼓掌的动作,手的上方有一些线条不断闪烁,需要为它的"不透明度"属性添加关键帧。上面"'图层6'轮廓"和"'图层3'轮廓"和下面的"'图层2'轮廓"都是通过"修剪路径"效果的"开始"属性或者"结束"属性的关键帧来实现的。"图层5"和中间的英文,以及画面上方的文字展开效果都是通过设置"缩放"属性来实现的。

图8-248

12 为第3张海报制作动画。让左下角的白色色块从左到右移动出现,黄色色块从右到左移动出现,蓝色色块从左到右移动出现,左下角的Logo从左到右移动出现;为白色网格所在图层的"缩放"属性设置关键帧,从而实现从无到有的效果;红色部分从左到右移动出现。因为整体都是大面积的背景元素,所以让它们移动出现就可以了。注意,不要设置过于复杂的动画,因为这些背景都是次要信息,并不是主要元素。路径和关键帧设置如图8-249所示。

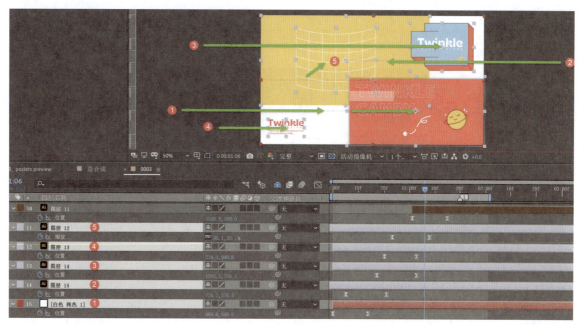

图8-249

13 剩余辅助信息的设置如图8-250所示。星星图形由右下角移动到左上角,给人一种逐步上升的感觉。左侧的手有一个打响指的动画,通过两个画面相互切换来实现,当打响指动作完成时,手上方的装饰线条也同步呈现。

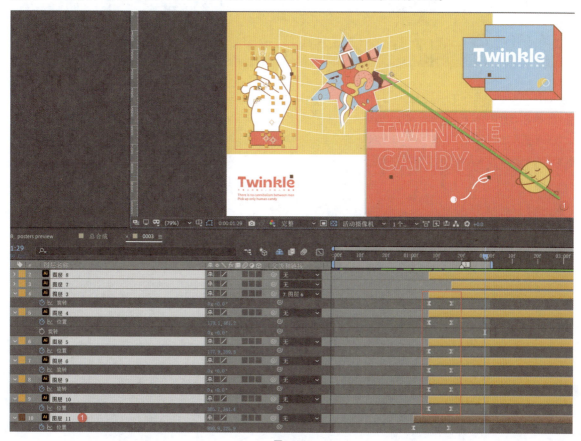

图8-250

14 主画面的动画制作完成后,开始逐一展示包装图片。为第1张要展示的图片添加"百叶窗"效果,为"过渡完成"属性添加关键帧,当"过渡完成"的值为100%时,显示第1张图片。"方向"属性用于控制画面方向,可以设置其值为23°。可以适当增大"宽度"属性的数值。参数设置如图8-251所示。

图8-251

15 对于后面的图片,可以用不同的方式进行呈现,例如用"缩放"属性来控制下一张图片以缩放的形式出现。还可以将"位置"属性和"缩放"属性结合,制作缩放位移动画,如图8-252所示。另外,还可以为两个属性同时添加关键帧,图8-253所示的效果就是通过为图层的"缩放"属性和"旋转"属性同时添加关键帧来实现的。

图8-252

图8-252(续)

图8-253

16 找一个欢快的音乐,拖曳到图层上,即可实现最终的视频效果。静帧效果如图8-254所示。

图8-254

8.5.2 璐文教育Logo动效

Logo效果如图8-255所示。

图8-255

01 在Illustrator中绘制好规范线条，可以将灰色Logo和彩色Logo都展示出来，然后将用圆形切割的标准进行标注，还有一些折角的度数也要进行统一规范，即需要全部标注好，如图8-256所示。释放到图层，保存文件。

图8-256

02 将Illustrator中的文件导入After Effects，并将图层转换为形状图层。

03 设置线条的动画。选择线条，为它们的"位置"属性添加关键帧，可以让线条分别从上方、下方或左侧入场，如图8-257所示。

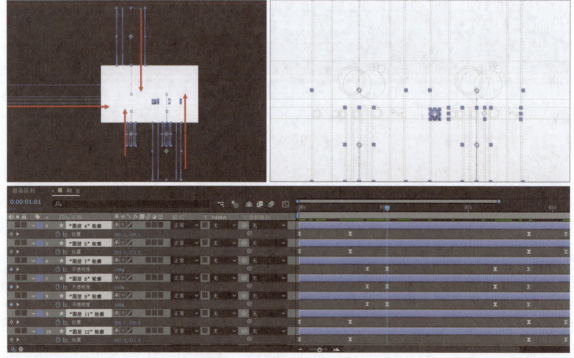

图8-257

04 线条出现后让圆形部分出现。为对应图层的"不透明度"属性添加关键帧（也可以添加"修剪路径"让其以路径的方式呈现，方法不唯一），如图8-258所示。

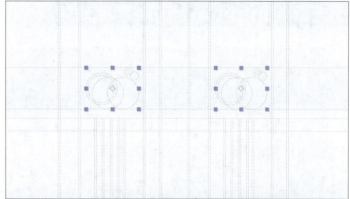

图8-258

05 主Logo图形和下面的英文可以通过设置"不透明度"的方式呈现，完全显示后可以停留1秒左右再消失。降低画面中所有元素的不透明度，使它们逐渐消失，完全消失后画面呈现白色底色。这样最后一帧的画面就和第1帧的画面相同，动画循环起来不会出现卡顿。最后为所有关键帧添加"缓动"效果，让动画更自然，如图8-259所示，静帧效果如图8-260所示。

图8-259

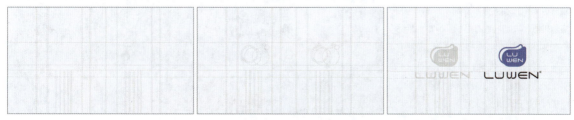

图8-260

8.5.3 Lingxun-style字库动效

Lingxun-style是笔者设计的一个黑体英文字库,效果如图8-261所示和图8-262所示。

图8-261

图8-262

01 为了更好地展示英文字库,要以英文为主做一些排版,然后为它们制作动态效果。在Illustrator中将画面整理好,开始的时候可以以英文字的字库名称为主,然后对第1张排版效果进行融入,简单地进行一些字库的排版。第2张海报的排版方式可以采用和第1张海报一样的上下分割的方式,方便后续对连续的动画进行处理。第3张海报的排版可以上下与第2张海报对应,这样动画可以衔接得更自然。第4张海报采用横向排版,与上一张海报相互衔接。最后一张海报的排版也是横向的,但最后可以是一个展开的效果。整体的设计流程如图8-263所示。规划好设计流程后就可以在After Effects中进行制作。

图8-263

02 将Illustrator中的文件导入After Effects，其中有很多预合成和图层，按规划好的步骤进行操作即可。创建一个紫色的纯色图层，然后在纯色图层上面输入英文字库名称"Lingxun-style"，在"字符"面板中调出字库。在"效果和预设"面板中找到"打字机"效果，并将其添加到文字图层上。调节图层的"范围选择器1>起始"属性的关键帧数值，让英文字母逐字输出。为了强调字库名称，可以让文字出现后适当放大一些。字库名称展示完成后文字图层和紫色纯色图层会向下移动到画面外，使下面的预合成显示出来。设置过程如图8-264所示。

图8-264

03 新画面分为两部分,在①处和②处分别为它们的"位置"属性添加关键帧,①处图层向左侧移动离开,②处图层向右侧移动离开。同时,它们下层的预合成也分为两部分,分别从左侧和右侧移动入场,如图8-265所示。

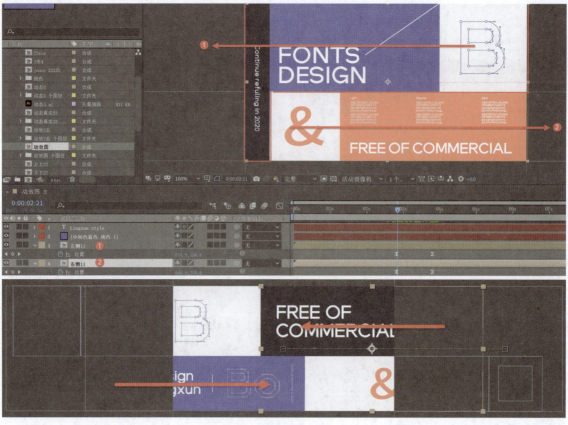

图8-265

04 图层移动到最终位置后呈现出新画面,新画面是左右移动入场的,但是离开的时候让它上下分层离开,可以复制对应的两个预合成,然后为它们制作离场效果。为它们的"位置"属性添加关键帧,同时它们下层的预合成开始移动、进入画面,如图8-266所示。

图8-266

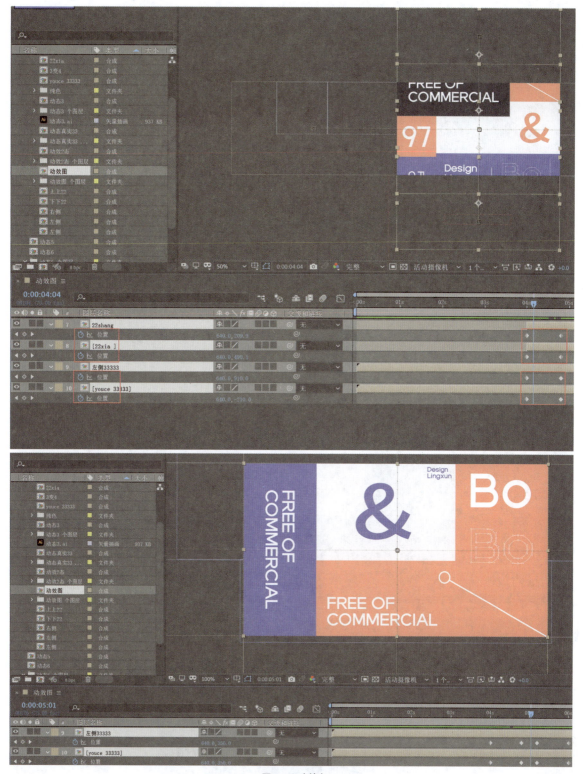

图8-266（续）

05 接下来让上层图形原位置离场，然后让下一张海报入场，通过位移的方式进入画面。让其停留一段时间后再离场，可以让上方的图层向上离场，下方的图层向下离场，逐渐呈现出最后一张海报的画面，如图8-267所示。

图8-267

06 创建一个紫色的纯色图层，放在底层。最后一张海报展示结束后，向右侧移动离场，使底层的紫色纯色图层显示出来。因为开场画面是紫色纯色画面，所以结束时也要保持一致，这样动画循环起来才不会出现卡顿。静帧效果如图8-268所示。

图8-268

8.5.4 Lingxun-serif 字库动效

字库字体的效果展示，如图8-269和图8-270所示。

图8-269

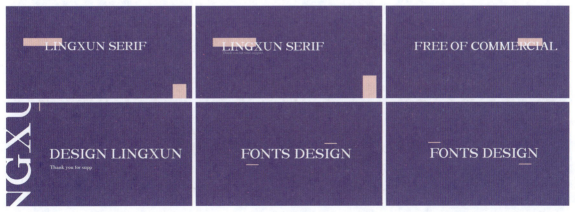

图8-270

01 在After Effects中新建一个纯色图层，然后绘制一些色块，进行动效制作。右下角的图形起装饰作用，为其制作简单的位移动画即可。字库名称从右侧向左侧移动，同时为左侧色块的"缩放"属性添加关键帧，当字库名称移动到最终位置时，左侧的色块同时放大到最终位置。接下来为字库名称下面的文字图层的"位置"和"不透明度"属性添加关键帧。路径和关键帧设置如图8-271所示。

图8-271

02 上面的画面停留一段时间之后离场，离场的同时新画面入场。①处的英文由下至上进入画面，②处的图层为装饰矩形，为对应图层的"旋转"属性和"缩放"属性添加关键帧，在离场时设置"位置"属性的关键帧即可。路径和关键帧设置如图8-272所示。

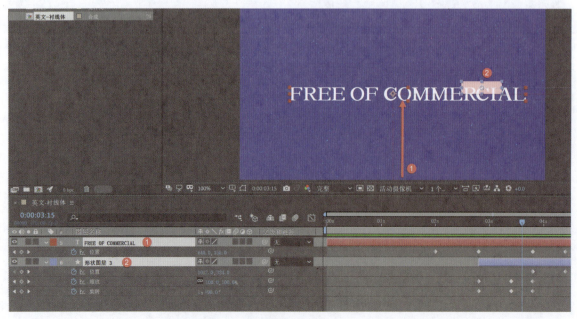

图8-272

03 随着上一画面的离场,新画面入场。为①处图层的"位置"属性添加关键帧,使其由左侧向右侧进入画面。②处的图形由上到下缓慢移动。为③处图层添加"打字机"效果,然后调整"范围选择器1>起始"属性的数值。路径和关键帧设置如图8-273所示。

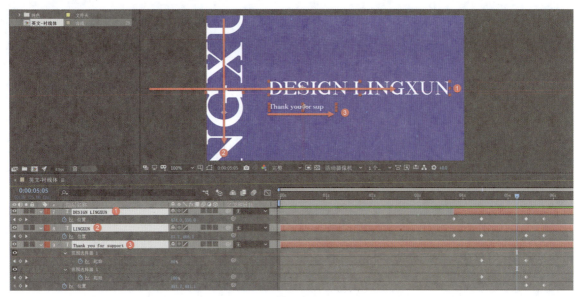

图8-273

04 下面制作离场动画,在离开时可以加一个粉色的矩形过渡一下。主画面的英文信息向下移动离场,左侧的矩形同步向下移动,如图8-274所示。最终画面中的英文从上向下移动,如图8-275所示。英文上方和下方的两个矩形色块也可以进行左右交替移动,然后全部向左侧离开,仅显示纯色图层的画面。整个合成的关键帧如图8-276所示。静帧效果如图8-277所示。

图8-274　　　　　　　　图8-275

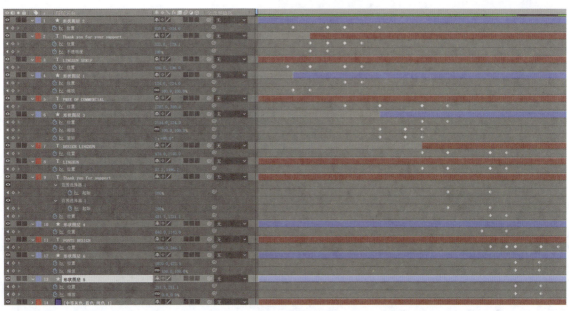

图8-276

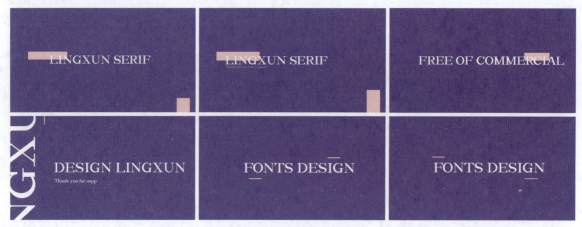

图8-277

8.5.5 屿莫咖啡提案视频

屿莫咖啡一共有4种口味,这4种口味的海报可以用相同的排版形式,然后用不同的辅助图形和不同的颜色来进行区分。在制作提案视频之前可以先将这4种口味的海报排版好,再制作动画。具体效果如图8-278所示。

图8-278

01 在Illustrator中将4个文件分别整理好,如图8-279所示。第1张是浓郁柑橘风味的海报,对需要单独处理的地方进行分层;第2张是醇厚蓝山风味的海报,对其进行分层并释放到图层;第3张是香甜榛果风味的海报;最后一张是梦幻拿铁风味的海报。因为橙色和黄色比较接近,蓝色和紫色比较接近,所以要把它们交叉摆放。

图8-279

02 将Illustrator中的文件导入After Effects，这4张图片会分为4个合成，在合成内部将图层转换为形状图层。

03 为浓郁柑橘风味海报设置动画。为两个文字对应轮廓图层的"位置"属性设置关键帧，让其分别从左右两侧移动出现，如图8-280所示。

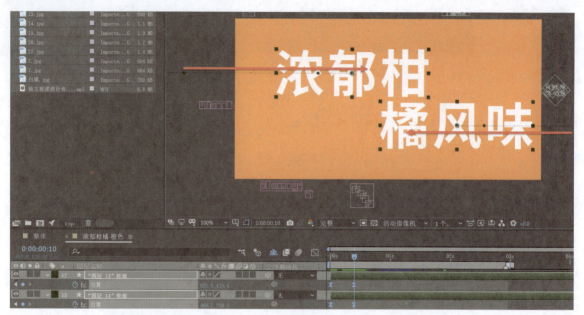

图8-280

04 为辅助信息制作动画，其路径如图8-281所示，因为是辅助信息，文字都比较少，所以进入速度可以快一些，最后为所有关键帧添加"缓动"效果。

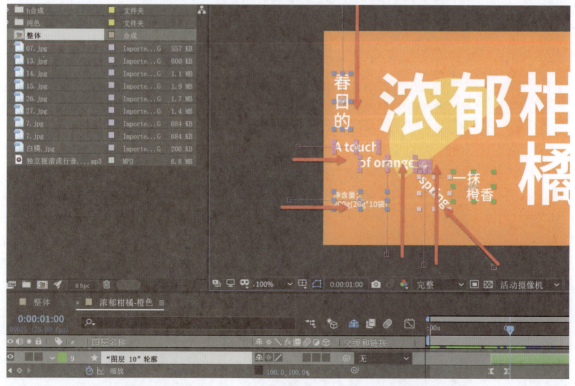

图8-281

05 画面右侧的信息有两处,为上方文字所在图层的"位置"属性添加关键帧,让其从上至下出现;对于下方的信息,为其所在图层的"位置"属性和"旋转"属性添加关键帧,先让其从右侧向左侧移动出现,到达最终位置后再进行一定角度的旋转,与其后面的图形元素对齐。路径和关键帧设置如图8-282所示。

图8-282

06 以上动画运动时,可以同时调节背景中的半圆形,让其缩放出现,因为出现后的画面动态不够充足,所以可以让半圆形运动起来,如图8-283所示。为半圆形所在图层的"位置"属性添加表达式"wiggle(5,40)",如图8-284所示,表示图层每秒抖动5次,每次随机波动的幅度为40,这样整体画面会更加灵动。

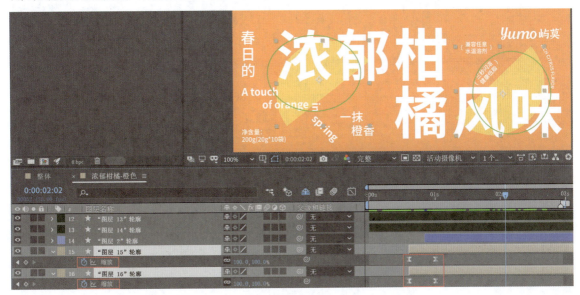

图8-283

图8-284

07 浓郁柑橘风味海报的后面是醇厚蓝山风味的海报,所以要为橙色的合成加入蓝色的过渡效果。添加一个蓝色的纯色图层,并为纯色图层的"位置"属性添加关键帧,让其从右侧向左侧进行滑动。

08 打开"醇厚蓝山-蓝色"合成,画面中出现大标题,因为"浓郁柑橘-橙色"合成中的标题是从左右两侧移动出现的,所以可以使"醇厚蓝山-蓝色"合成中的标题从上下两侧移动出现,如图8-285所示。

图8-285

09 制作中英文信息的入场动画。大部分为图层的"位置"属性,添加关键帧,根据箭头方向绘制入场方向;少部分是图层的"缩放"属性和"不透明度"属性,添加关键帧来进行入场动画的制作。路径示意图如图8-286所示。

图8-286

10 制作背景的三角形元素的入场动画。对于左侧的两个三角形,为它们的"位置"属性添加关键帧,使最左侧的一个三角形由左侧向右侧移动,另一个三角形由下到上移动。因为后续要添加表达式"wiggle(5,40)",所以以为这两个图层添加预合成,命名为"蓝-左2",然后添加表达式。对于画面右侧的两个三角形,单击它们所在图层的"3D图层"按钮,然后为"Y轴旋转"属性和"位置"属性添加关键帧,制作它们的入场动画。路径和关键帧设置如图8-287所示。

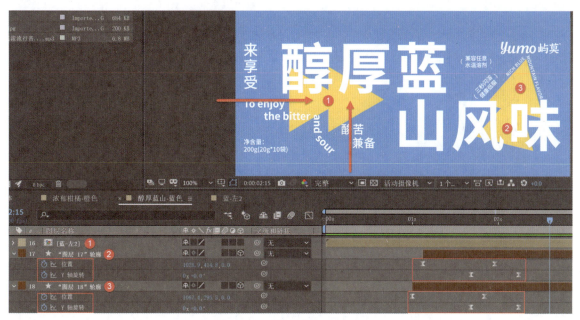

图8-287

11 "醇厚蓝山-蓝色"合成后面出现的合成画面是黄色的,所以要为蓝色合成制作转场效果,使其自然过渡到黄色合成。在蓝色合成里有黄色的图形,因此可以采用将黄色图形放大的方式进行过渡。在三角形的内部绘制一个矩形,如图8-288所示,然后为它的"缩放"属性添加关键帧,使其在短时间内迅速放大并铺满整个画面。

图8-288

提示 不一定需要绘制矩形,也可以是圆形或者其他图形。

12 打开"香甜榛果-黄色"合成,先为两个文字所在的图层的"位置"属性添加关键帧,让其分别从左右两侧移动到画面中,如图8-289所示。然后设置辅助元素的"位置"属性和"缩放"属性,让它们逐一显示,如图8-290所示。

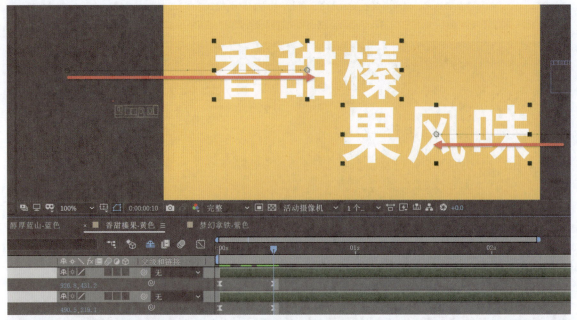

图8-289

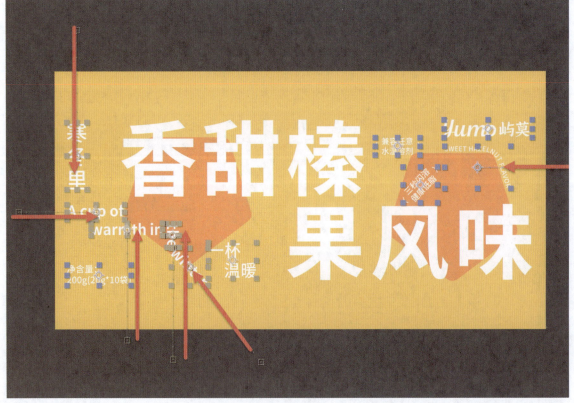

图8-290

13 图8-291所示的背景中有两个五边形,先设置其所在图层的"位置"属性,让它们移动到画面中,然后单击图形的"3D图层"按钮,并设置"X轴旋转"属性和"Y轴旋转"属性的数值,使它们旋转1圈,参数设置如图8-292所示。

图8-291

图8-292

14 黄色画面结束后要过渡到紫色画面,可以通过为黄色的合成制作翻页效果进行过渡。先在黄色合成的下面新建一个紫色的纯色图层,然后在"效果和预设"面板中找到"扭曲>CC Page Turn",为黄色的合成添加此效果,为"Fold Position"属性设置关键帧,让画面从右下角进行翻页转场,如图8-293所示。

图8-293

15 为"梦幻拿铁-紫色"合成的文字信息制作入场动画,如图8-294所示。

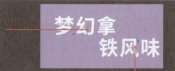

图8-294

16 紫色的背景上有杯子样式的图案,为它们所在图层的"缩放"属性添加关键帧,然后单击"3D图层"按钮,为"Y轴旋转"属性添加关键帧,让它们旋转1圈后停止。关键帧设置如图8-295所示。

图8-295

17 接下来开始展示各个口味的包装图片,先为浓郁柑橘风味的包装图片所在图层的"缩放"属性添加关键帧,让其缩放出现,如图8-296所示。

图8-296

18 展示"白膜"图片,再逐渐过渡到带颜色的画面。为"白膜"图片所在图层的"位置"属性添加关键帧,如图8-297所示。然后为带颜色的图片制作动画,添加"效果和预设"面板中的"过渡>线性擦除"效果,然后设置"过渡完成"属性的关键帧,让画面逐渐出现,如图8-298所示,可以适当调节"擦拭角度"属性的数值,让画面的倾斜效果更真实。最终画面及部分设置如图8-299所示。

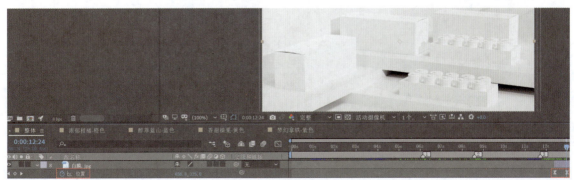

图8-297

图8-298

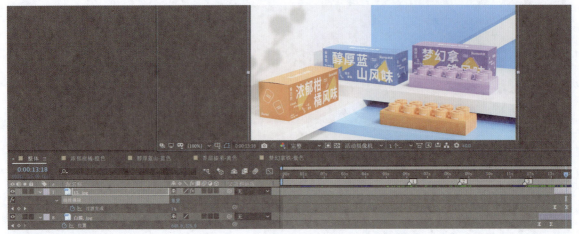

图8-299

19 画面过渡可以采用"线性擦除"效果来实现,也可以通过添加"百叶窗"效果实现,如图8-300所示。此外,还可以通过为图层的"位置"属性添加关键帧制作入场动画,如图8-301所示。最后找一个合适的音乐,在音乐入场和出场时将"音频电平"属性的数值降低,中间阶段保持正常声音即可,视频制作完成。静帧效果如图8-302所示。

图8-300

第8章 商业应用

图8-301

图8-302

219